Facebookで
ビジネス成果を
生み出すためには何をすべきか?

柳沢健太郎（(株)ウィルマッチ 代表取締役社長）著

Art Days

はじめに

昨年、２０１１年は、Ｆａｃｅｂｏｏｋ元年と言われた通り、数多くのＦａｃｅｂｏｏｋ関連書籍が出版され、数万を超えるＦａｃｅｂｏｏｋページが開設されました。

日本国内のＦａｃｅｂｏｏｋ会員数も２０１１年１月にはわずか１８０万人しかいませんでしたが、その後一気に増加に転じ、２０１２年３月の実績では、６５０万人を超えるまでとなり、一大ムーブメントを巻き起こしています。


ところで、周りを見渡しますと、「Ｆａｃｃｂｏｏｋはお友達との交流が楽しい！」というような声はよく聞かれますが、これまでに「Ｆａｃｅｂｏｏｋをビジネスで活用し、売上がＵＰした」という話を聞いたことはありますか？

とりあえず、Ｆａｃｅｂｏｏｋを開設したもののなかなか期待していたような成果があがらないという企業・個人の方も多いのではないでしょうか。

Ｆａｃｅｂｏｏｋは全世界で８億人以上が日々活用しており、こういったＳＮＳの人が集まる場をビジネスにつなげていきたい、すなわち、Ｆａｃｅｂｏｏｋをビジネス活用に役立てたいという期待は非常に大きいことを肌で感じていますが、それを実際に使いこなしているかといえば、なかなか現実とのギャップは大きいと思います。

日々私がＦａｃｅｂｏｏｋ活用のコンサルティングにおいて、お客様からご相談いただく内容としても、

・期待したほどの成果が出ない
・コンテンツ投稿に何人かが「いいね！」を押してもらえる程度

という声が多く、商談数が増えた、店舗来店者数が増えたといった成果を実感されている企業は現状、少ないと認識しています。本書では、こういった期待と現実とのギャップに対して、一石を投じたいと思い、「ＦａｃｅｂｏｏｋでビジネスHe成果を生み出すためには何をすべきか？」を出版させていただきました。

本書の特徴としては、巷に溢れるＦａｃｅｂｏｏｋ関連書籍とは異なり、日本の大企業から中小企業・個人経営者の事例までを網羅し、「Ｆａｃｅｂｏｏｋで成果を生み出すために必要なこと」という一点に絞り執筆をさせていただきました。

私柳沢健太郎自身も、２０１１年１月にＦａｃｅｂｏｏｋページを開設し、Ｆａｃｅｂｏｏｋを起点に、８カ月でファン数８０００人以上、新規商談月５件以上という実績を生み出してきましたが、こういった私自身の事例を含め、業種や規模を問わず、Ｆａｃｅｂｏｏｋを起点に成果を生み出している企業を調べ、国内の未公開事例への取材等も行い、「Ｆａｃｅｂｏｏｋで成果を生み出すメカニズム」をご紹介させていただきます。

【本書で紹介する事例】

1．商談数ＵＰ事例

Ｆａｃｅｂｏｏｋを起点に、月５件以上の商談獲得につなげたコンサルタントの事例
Ｆａｃｅｂｏｏｋを起点に、全体の30％の申込を獲得した弁護士の事例

2．リピート率ＵＰ事例
Ｆａｃｅｂｏｏｋを起点に、リピーターを育成し、売上30％増を図った飲食店オーナーの事例

3．想起率ＵＰ事例
Ｆａｃｅｂｏｏｋを起点に、店舗来店時の想起率ＵＰを図り、販売増につなげた大手食品メーカーの事例

4．店舗来店数ＵＰ事例
Ｆａｃｅｂｏｏｋを起点に、６日間で20万人以上の店舗来店につなげた大手小売業の事例

これより、本編に入ってまいりますが、この冒頭で少し触れさせていただきますと、私の持論としまして、

Ｆａｃｅｂｏｏｋを利用しても成果が実感できない最大の理由は、

Ｆａｃｅｂｏｏｋは「評判を獲得するメディア」でしかないからです！

極論を言うとＦａｃｅｂｏｏｋは「信頼を獲得するメディア」ではないのです。通常、信頼はインターネット以外の「リアルの場」で醸成されるものであり、「Ｆａｃｅｂｏｏｋの場」で評判を獲得し、「リアルの場」で信頼を獲得し、「Ｆａｃｅｂｏｏｋの場」で更なる評判を獲得していくというサイクルを回していくことで、「Ｆａｃｅｂｏｏｋの場」の威力が、２倍にも３倍にも発揮され、成果につながってくるというのが、私の実体験でもあり、今回ご紹介させていただく事例にも共通していえる重要なポイントになります。

具体的には、どういうことなのか?!

この本をお読みいただければ、きっとあなたもＦａｃｅｂｏｏｋのビジネス活用に自信が持てるようになると思います。

Facebookでビジネス成果を生み出すためには何をすべきか？　目次

Facebookでビジネス成果を生み出すためには何をすべきか？

第1章

Facebookを起点に、月5件以上の商談獲得につなげた柳沢健太郎のストーリー

本章では、私柳沢健太郎が、ソーシャルメディア最適化研究会　株式会社ウィルマッチを起業し、試行錯誤の末、Ｆａｃｅｂｏｏｋを起点に月５件以上の商談獲得につなげるまでに至ったストーリーを題材に、Ｆａｃｅｂｏｏｋのビジネス活用の魅力や成功のポイントについて述べたいと思います。

Ｆａｃｅｂｏｏｋページ開設８カ月でファン８０００人獲得

私は２０１１年１月からＦａｃｅｂｏｏｋページを立ち上げたのですが、開設わずか８カ月で大きな成果を得ることができました。具体的には、Ｆａｃｅｂｏｏｋを起点にコンサルティング業務や講演・取材の依頼を多数いただけるようになりました。

まず、ビジネスの具体的な成果に結びついた大きな要因は、Ｆａｃｅｂｏｏｋページ開設８カ月で、ファン数が８０００人を超えたということです。日本語版Ｆａｃｅｂｏｏｋページランキングの中の「コンサルティング・ビジネスサービス部門」では、第６位となりました。また、この領域でソーシャルメディアのコンサルティングを標榜する会社の中では上位3位以内に入っており、何と国内最大手のネット広告代理店のページよりも上位に位置しております。

たったひとりで立ち上げたページが、わずか1年未満で大手企業を抜き去ったわけですから、大きな注目を集めることとなりました。

ここ数ヵ月の実績で申し上げても、例えば情報メディア系の大手企業様や教育関連、旅行関連の企業様からコンサルティングの依頼をいただいたり、大手のネット企業様からタイアップによるコンサルティングのご相談を受けるなど、さまざまな案件をＦａｃｅｂｏｏｋを通じて獲得しております。また、社団法人埼玉中央青年会議所様や社団法人日本旅行業協会様、株式会社リクルート アントレｎｅｔ様など多数の企業・団体からＦａｃｅｂｏｏｋのビジネス活用の講演も承っております。

ごく短期間にこうした実績を積み重ねてこられたというのは、一昔前では考えられなかったことではないでしょうか。

そこで、このようなＦａｃｅｂｏｏｋ等を活用した集客ソーシャルメディア事業を立ち

http://www.facebook.com/willmatch

柳沢健太郎が運営しているfacebookページ
「ソーシャルメディア最適化研究会　（株）ウィルマッチ」

日本旅行業協会様　Facebook活用講演

東京ビッグサイトにて、観光業界（旅行会社／ホテル／航空会社等）でのFacebook活用の事例、活用の可能性を講演

当日は柳沢の講演だけではなく、JAL様や北欧専門の旅行会社であるフィンコーポレーション様とパネルディスカッションも実施致しました。

株式会社リクルート アントレnet様　Facebook活用講演

「はじめて学ぶソーシャルの仕組みと集客倍増法」というタイトルにて講演

起業家が、Facebookを起点に商談獲得に繋げる一連のプロセスについて事例を含め講演させていただきました。

上げようと思った、そもそもの発端というところから述べさせていただきます。

ソーシャルメディアで売上50億円を達成したワイン通販サイト

もともと私は、リクルートが出資しているネットベンチャーである株式会社ブログウォッチャーで、ソーシャルメディアやＳＥＯ（検索エンジン最適化）のコンサルティングをしておりました。Ｔｗｉｔｔｅｒ、Ｆａｃｅｂｏｏｋ等を活用したマーケティング施策の提案などの業務を行ってきたわけですが、２０１０年末の時点では、Ｔｗｉｔｔｅｒを活用したソーシャルメディアが中心で、Ｆａｃｅｂｏｏｋについてはまだこれからという状況でした。

ところが、２０１０年末に日本の1年半先を行くと言われているアメリカの最新のマーケティング事例に触れたことが、結果として、私の転機になりました。

ワインライブラリードットコムというアメリカのワイン通販サイトがあるのですが、その運営をしているゲイリー・ベイナチャックという人が、ＴｗｉｔｔｅｒＦａｃｅｂｏ

ワイン・ライブラリー・ドットコム　ゲイリー氏の事例

Twitter・Facebook・動画ブログ・自社HP（ワイン通販サイト）をフルに連動させ、売上は3年で4億円⇒50億円に大きく成長

ゲイリー氏の動画ブログ　http://tv.winelibrary.com

ｏｋなどの無料のソーシャルメディアを活用して、自社のワインサイトの売上を３年間で４億円から50億円に伸ばしたという記事を、たまたま本屋で雑誌をぱらぱらめくっている時に発見したのです。この記事からは、今までにないほどの強烈なインパクトを受けました。

　インターネットでのマーケティングというと、これまではリスティング広告とかＳＥＯといったものが中心でした。私も当時は、ＳＥＯや広告を活用したネット集客のコンサルなどもしていたのですが、無料のソーシャルメディアを使ってここまでの売上アップを達成できたということは、私の中では衝撃的でした。

価値のあるコンテンツが口コミ効果を生む

ゲイリーさんは父親が立ち上げたワイン屋さんの2代目です。非常に働きもので、ワインが大好き。ワインのことならなんでも知っているというほどの研究熱心な人です。

２００８年に非常に努力をしてワイン販売のキャンペーンを実施した際、７５００ドルの予算を、ビルボードの看板とラジオ広告、ダイレクトメールに割り振り、キャンペーン告知を行いました。結果として１００件から３００件くらいの問い合わせがありました。ところが、Ｔｗｉｔｔｅｒ、Ｆａｃｅｂｏｏｋといった無料のソーシャルメディアを活用したところ、数日以内に１７００件を超える問い合わせがあったのです。

なぜこれだけの件数を獲得できたかというと、二つ理由があります。

2008年「ワイン販売」キャンペーンの宣伝	
7500ドルをかけ、3つの有料広告と無料のソーシャルメディアを利用	
●高速道路脇のビルボード看板	170件
●ラジオ広告	240件
●ダイレクトメール	300件
●無料のTwitter・Facebook	1700件超

まず、一つは何よりも「価値のあるコンテンツを発信できた」ということです。

ゲイリーさんはワインが大好きな専門家で、その魅力を多くの人に伝えたいという思いから、自分自身が出演する「ワインライブラリーTV」という動画ブログを配信することにしました。自宅に置かれた簡単な家庭用のビデオカメラの前で、彼自身がとても熱くワインのことを語る、いわば自作自演です。

例えば「このワインはオマールエビを蒸したような味がする」など、楽しいパフォーマンスをしながら、テイスティングの結果をコンテンツとして毎日のようにアップしていました。その動画ブログはワインのPRというよりは、一つのショーのように楽しく、彼のキャラクターともあいまって、ワイン愛好家から徐々に注目されるようになりました。

「このワインおいしそうだなあ」「ゲイリーさんっておもしろいことを言っているなあ」といった彼らの口コミが、その友人のワイン好きを通じて広がっていくという現象が起こり、口コミはさらにその周辺へと伝播し、これがさらなるバイラル効果を生んで、動画ブログに多くの人々を誘導していったのです。

ブログにはないＦａｃｅｂｏｏｋの口コミ拡散力

売上が飛躍的に増えたもう一つの理由は、Ｔｗｉｔｔｅｒ、Ｆａｃｅｂｏｏｋなどで情報発信し、ワインファンを動画ブログに誘導していくという手法をとったということです。Ｆａｃｅｂｏｏｋで伝播していった流れをまとめると、ゲイリーさんが動画ブログを更新し、Ｆａｃｅｂｏｏｋのウォールに動画ブログのリンク付き投稿をすると、ファンのニュースフィードに表示され、ファンが「いいね！」「コメント」「シェア」といった反応を行うことで、「ファンの友達」にも広がり、結果として多くの人を動画ブログに誘導していっ

Facebookの口コミ拡散の仕組み

有意義なコンテンツ投稿を行えば、ファンのニュースフィードに、記事が表示され、ファンが「いいね!」「コメント」「シェア」といった反応を行えば、「ファンの友達」にも広がり、結果として、数多くの人にリーチすることができます。

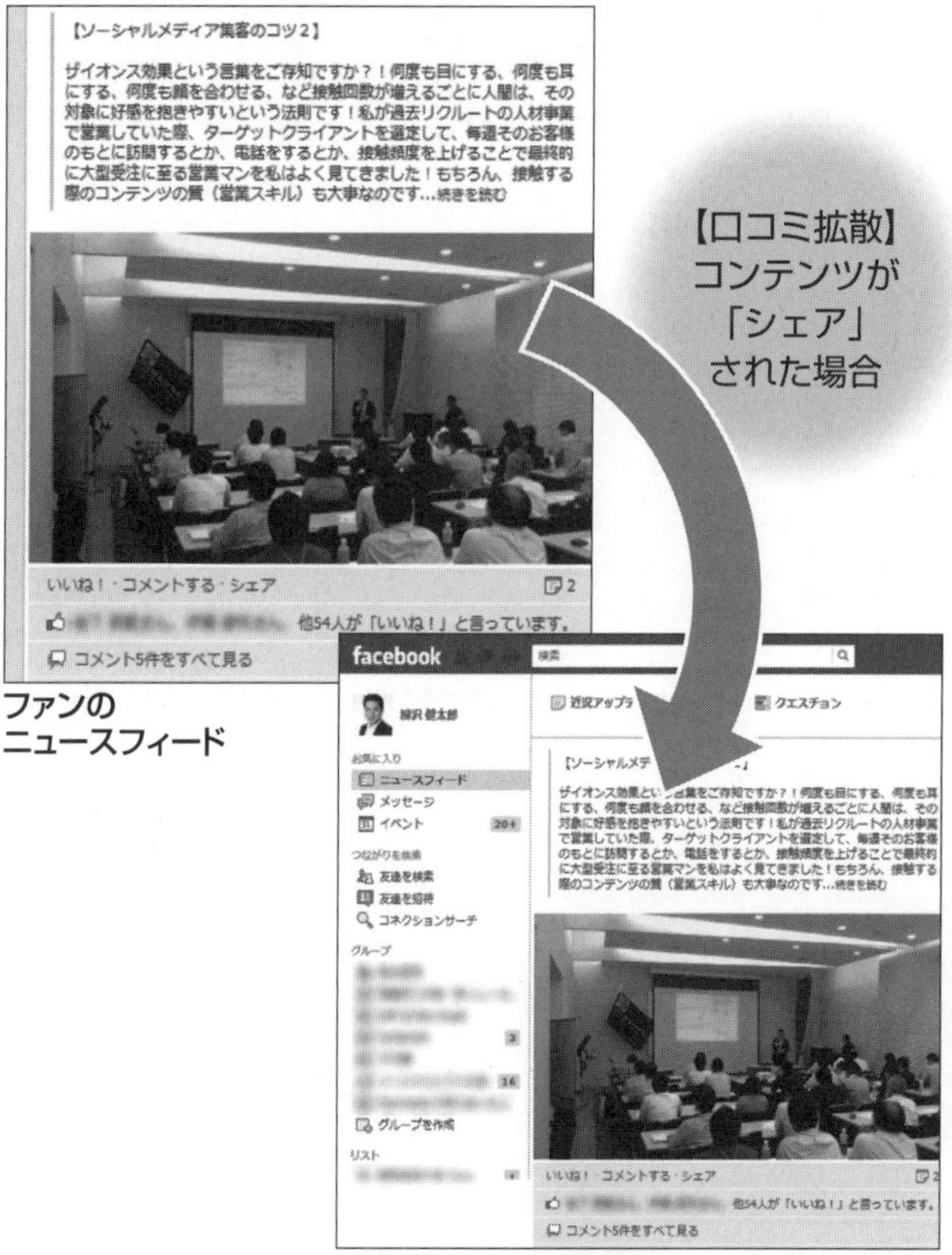

反応したファンの友達のニュースフィード

たことになります。

おもしろくて価値のあるコンテンツをブログに投稿するだけでなく、それをＴｗｉｔｔｅｒ、Ｆａｃｅｂｏｏｋといった口コミ拡散の仕掛けとからめることで、多くの人に認知させていったわけです。

これまでだと、個人が発信するメディアとしてはブログが一般的でしたが、ブログには多くの人を誘導する機能はありませんでした。Ｔｗｉｔｔｅｒ、Ｆａｃｅｂｏｏｋなどが誕生したことで、それらと動画ブログを連携させながら、価値のあるコンテンツを多くの人に定期的に見てもらうという仕掛けができた。そして、動画ブログに訪れたユーザーと信頼関係を構築し、絆ができたユーザーを自社のワインサイトに誘導することで売上アップを図った。このことに私は衝撃を受けたということです。

余談ですが、ゲイリーさんは今や押しも押されもしない、ソーシャルメディアのマーケッターとしてひっぱりだこです。理論だけでなく、全ては彼自身が体験し、成果を上げたわけで、当然といえば当然ですが、今やハリウッドのブラッドピットと同じ事務所に所属しているというのですから、ソーシャルメディアの力というものの大きさには驚かされます。

当時の日本では、ソーシャルメディアを活用した集客ブランディングとして、ちょうどＴｗｉｔｔｅｒが盛り上がり始めていた時期だったのですが、ゲイリーさんの事例を見て、次にＦａｃｅｂｏｏｋ時代といったものが日本にも到来するのではないかと思いました。アメリカでは、すでにネットユーザーの８割とか９割がＦａｃｅｂｏｏｋを毎日使っているという状況で、その口コミ効果のすごさというものを実感することになりました。

さらに、ソーシャルメディアはあくまでも、友達どうしのつながりや、自分と他者とのつながりというものがベースにある、人の情報発信が主体のメディアであるということも特徴です。したがって、たとえば、大手企業が会社として情報発信することと比較して、私の場合は、柳沢健太郎という個人が発信することで、ユーザーとより近い関係性の中で、コミュニケーションを行うことができるため、ソーシャルメディアでの集客に悩んでおられるユーザーの関心を喚起することが可能なのではないかと考えました。

日本のソーシャルメディアコンサルティングの領域で、ゲイリーさんのようなポジションを築けるのではないかと思い、起業に至ったのです。

「いいね！」ゼロ、コメントゼロからスタート

２０１１年の１月にＦａｃｅｂｏｏｋページを立ち上げたわけですが、その時点では日本でＦａｃｅｂｏｏｋを活用している企業というのは非常にわずかでした。

今でこそ（２０１２年３月現在）Ｆａｃｅｂｏｏｋの国内会員数は６５０万人以上といわれていますが、当時は１８０万人前後で、会員登録だけはしているという人はある程度いても、毎日ログインして使っている人はあまりいなかった時代です。

私は、はりきってＦａｃｅｂｏｏｋページを開設して初回の投稿をしたのですが、そもそもファンが全然いなかったということもあって、記事を投稿しても反応は全くない。「いいね！」ゼロ、コメントゼロというようなところから始まりました。当時は、ページの中でファン数が25人以上いないとオリジナルドメインがとれなかったため、ファンになって

くれと友人に頼んで、何とか25名獲得してドメインをとったという状況でした。

コンテンツとしては、まず、ネットのニュース記事を解説するところから始めました。「グーグルニュース」を活用し、登録した記事を1日1回送ってくれるグーグルアラートという仕組みを使って、ソーシャルメディアについて書かれている記事を集め、価値があるニュースや多くの人が共有すべきニュースを選び、自分の解説入りで投稿したわけです。ただ、これはスタートしたものの、最初の3カ月間は問い合わせがあまりありませんでした。ファン数としては1000名程度で、商談にまで至るケースは、ほとんどありませんでした。

実は、当時、このままではまずいと相当焦りまして、起業するのが早すぎたのではないか、などと自問自答する日々が続きました。何とかしなくてはと、発信する情報の内容や手法を変えてみることにしました。何をしたかというと、成功事例の基となっている成功要因をきちんと抽出して、自分で実践してみる、ということにしたのです。

成功のカギは価値あるコンテンツと「顔出し」「実名」「フリー」

そこで、先ほどお話ししたゲイリーさんの事例を分析してみたのですが、売上が飛躍的に上がった理由として、大きく二つあることがわかりました。

一つはゲイリーさんが「顔出し」「実名」で価値のあるコンテンツを「フリー」で発信していることでした。

もう一つが、Ｆａｃｅｂｏｏｋのファン数がすでに数万人というレベルであり、多くの人からワイン・ソムリエとして認められ、評価されているということでした。

早速これを実践することにしたのですが、まず、ソーシャルメディアのコンサルタントとして「顔出し」「実名」で、自らの実践の中から体系化してきた集客の秘訣といったものをブログやＦａｃｅｂｏｏｋのノート形式にして、Ｆａｃｅｂｏｏｋページに投稿し始めました。もともといろいろなノウハウを持っていましたし、勉強を重ねてはいたのですけれども、今までは自分の顔を出さずに、会社名で投稿していました。

しかし、無名の人間が信頼を得るには、自分の顔を出して、実名で発信していく方が効果的だと思ったのです。

次に試みたのは、集客のノウハウをＰＤＦにまとめ、無料で提供するということでした。Ｆａｃｅｂｏｏｋを始めたけれど、どうやって集客をしていいかわからない、といった相談が結構あったので、Ｆａｃｅｂｏｏｋのウェルカムページで「いいね！」を押すと差し上げる、というやり方をとり、反響を得ることができました。「無料」すなわちフリーの効用については、後ほどお話しします。

一定の規模まではお金を使ってでもファンを増やせ

また、もともと私にはある程度のノウハウがあったのですが、専門家としてもっと努力をしていかなくてはいけないと思いました。ある人によれば、専門家というのは本50冊分の知識がなければならないということです。それまでＦａｃｅｂｏｏｋ関連の本はほとんど網羅的に読みましたし、かなりの数のセミナーに参加しましたが、さらに専門家になるための努力を重ねました。

海外の事情をさまざまな文献やネットで調べる、人気のあるＦａｃｅｂｏｏｋページの活用法を調査するなど、ありとあらゆる方向から、Ｆａｃｅｂｏｏｋの活用について研究を重ねていきました。

さて、ゲイリーさんの成功要因として抽出したもう1点は、すでに多くのファンが存在していた、ということでした。つまり、ファンが少なければファンを増やすということがすごく大事だということなのです。

私の場合は、Ｆａｃｅｂｏｏｋページをスタートして4カ月が経つと、やっとファン数が２０００名を超えるというところまでこぎ着けました。

すぐれたコンテンツを発信していけば、いろいろと広告や施策を打ったりしなくても自然にファンが増えるだろうと一般的に言われていますが、そんなことは実はなくて、ファンが10人とか50人といったレベルでは、どれだけいいコンテンツを投稿しても、「いいね！」や「コメント」、「シェア」で口コミが拡散される規模が小さいので、ファンの友達にページの認知がなかなか広がらないのです。

したがって、たとえば２０００名程度の規模といった目標を掲げ、お金をかけてでも先にファン数を増やしてしまうのが得策ではないでしょうか。どれだけいいことを言っていても、Ｆａｃｅｂｏｏｋのファン数が50名の会社でソーシャルメディアのコンサルティング担当ですといっても、まったく説得力がないと思います。

じわじわと商談や問い合わせが増えてきた

以上のような取り組みをはじめたところ、ちょうど4月の後半から5月にさしかかるころでしたが、ちらほらと企業や広告代理店から商談やお問い合わせをいただけるようになってきました。お問い合わせの理由をうかがってみると、投稿される記事がおもしろかったとか、集客のヒントを記した無料のＰＤＦを見てもっと詳しく教えてほしい、あるいはタイアップなどができないかということでした。

そこで、さらに集客に関する記事をＦａｃｅｂｏｏｋページに投稿していったところ、社団法人埼玉中央青年会議所様から、Ｆａｃｅｂｏｏｋ活用についての講演をしてほしいという依頼が入りました。

Facebookへのコンテンツ投稿のイメージ
⇒ソーシャルメディア集客に役立つコンテンツの継続提供
⇒ブログやFacebookのノート記事を投稿
ソーシャルメディア最適化研究会　（株）ウィルマッチ
「あなたは、Facebook集客とGoogle集客の違いって
シンプルに考えるとどこに違いがると思いますか？」
私の考え
「Facebook集客：潜在層の育成＝ブランディング
Google集客：顕在層の刈り取り＝コンバージョン」
『Facebook集客とGoogle集客の違い』
ameblo.jp
Facebookページ集客講座 上位ランキング社長@柳沢の
Facebookページ集客講座 上位ランキング社長が教える、ソーシャルメディアで売上を増やす方法！の記事、Facebook集客とGoogle集客の違いです。
1,236人にリーチ・59人が話題にしています
いいね！を取り消す・コメントする・シェア
あなたと他58人が「いいね！」と言っていま
Facebook集客とGoogle集客の違い
2011-05-13 15:20:22
テーマ：ソーシャルメディアで売上を増加させる方法
ソーシャルメディア最適化研究会代表の柳沢です。
僕のプロフィールはこちらです。
【Facebookで売上UPの秘訣を公開】
柳沢が実践したFacebookで売上を増やす方法
の動画セミナー（1部）を現在無料公開中！
↓↓
http://www.facebook.com/willmatch?sk=app_112493455447504
今回の記事
今回は「Facebook集客とGoogle集客の違い」
について、考えていきたいと思います。
ネットの覇者Google、挑むFacebookなんて、
コピーを良く雑誌等で目にすることが多いのですが、

ソーシャルメディアはスタートして1カ月くらいで結果がでるのではなくて、じわじわと効いてくるなあと実感した次第です。

スタートしてから3カ月、4カ月は、毎日投稿する、価値のあるコンテンツを投稿するということを継続的にやっていました。いろいろと試行錯誤し、Ｆａｃｅｂｏｏｋを活用して成功した事例に学び、研究し、それを発信することで、上記のような問い合わせをいただくようになったのです。

埼玉中央青年会議所様の講演は7月初旬にさせていただいたのですが、その模様、内容を写真つきでＦａｃｅｂｏｏｋに投稿しました。すると、もともと私と過去に接点のあった方たち、以前勤務していた会社の取引先や知人などから、多くの商談をいただける結果となりました。自分の個人ページでも、友達になっていただいている方が当時300名くらいいましたが、その方々にも投稿したところ、ダイレクトメッセージといった形で「相談に乗ってくれないか」といったお話が、講演後1～2週間で7、8件程度いただけるようになりました。なかには、国内でトップクラスの大手情報メディア系の企業様からのコ

ファン限定のオリジナルレポート

講演実績をFacebookにアップしたところ、新規商談が舞い込む

【社団法人埼玉中央青年会議所様での講演】

昨日7月5日、埼玉中央青年会議所様にて、約70～80名の皆様にお集まり頂き、「新時代広報のススメ」と題して、Facebookを活用した新時代広報の事例、活用の可能性についてお話させて頂きました。「イベントコンテンツの魅力発信」とその「口コミ拡散」により、「認知⇒理解⇒共感⇒信頼⇒参加⇒共有⇒再認知」という影響力の輪が生み出す、新時代広報を展開していって頂きたいと思いました。

【日本旅行業協会／JATA旅博2011でのFacebook活用の講演】

昨日は、東京ビッグサイトにて、「旅行産業でのFacebook活用の事例、その可能性」というタイトルにて講演！また、JAL様やフィンツアー様とのパネルディスカッションなどもございました！参加者の方からも活用目的や活用手法また、指標設定の方法などについて、勉強になったと数多くのお声を頂き、非常に有意義なシンポジウムになりました！

Facebookは 敵か味方か

ンサルティング依頼もありました。

フリーミアムの威力

これからの時代、ネットで集客する際にポイントになるのが、フリーで提供するということです。フリー、フロントエンド、バックエンドという言葉がありますが、価値のあるコンテンツを無料で提供するフリーミアムという考え方が、２０１１年あたりからアメリカで話題となり、日本でも大きく広がってきています。

フリー戦略というのは、本来であれば有料にすべきコンテンツを無料で提供することです。全部提供すると商売にならないので、ある一定のところまではフリーにするのです。

クリス・アンダーソンはその著書「ＦＲＥＥ」（日本放送出版協会）の中で、無料のルールについて次のように述べています。

１．デジタルのものは、遅かれ早かれ無料になる

2. アトムも無料になりたがるが、力強い足取りではない
3. フリーは止まらない
4. フリーからもお金儲けはできる
5. 市場を再評価する
6. ゼロにする
7. 遅かれ早かれフリーと競いあうことになる
8. ムダを受け入れよう
9. フリーは別のものの価値を高める
10. 稀少なものではなく、潤沢なものを管理しよう

私の場合ですと、Ｆａｃｅｂｏｏｋやブログに、集客の仕方というものを無料で公開しています。

無料で公開してしまうと、商売にならないのではないかと言われることもありますが、そんなことはありません。無料で公開することで、数多くの見込客にリーチすることがで

きますし、これまで接点があった人から直接コンサルの相談なども入ってきます。

つまり、私の場合だと、過去にリアルな接点があった方、特に仕事で信頼関係を結ぶことができた方などに、フリーで何かしら提供することで、直接バックエンドのコンサルティングのご相談をいただけるようになりました。

また、フリーで価値のあるコンテンツを提供することで、私をもともと知らなかった方たちから、講演の依頼や出版の相談などをいただけるようにもなりました。そして、その実績を私の知りあい、あるいはそうでない方たちに、さらに広げていくということができるようになります。

フリーミアムを実践する際に、過去に一度でも会ったことがあるか否かということは、非常に重要なことです。一度会っている方だと、フリーからバックエンドの話し合いに入りやすいのですけれども、面識のない方の場合は、まずは低額のセミナー等を開催し、フロントエンドに少しずつ導いていくことが大切だと思います。

参加者とリレーションを構築し、売上を増やす流れ（私の場合）

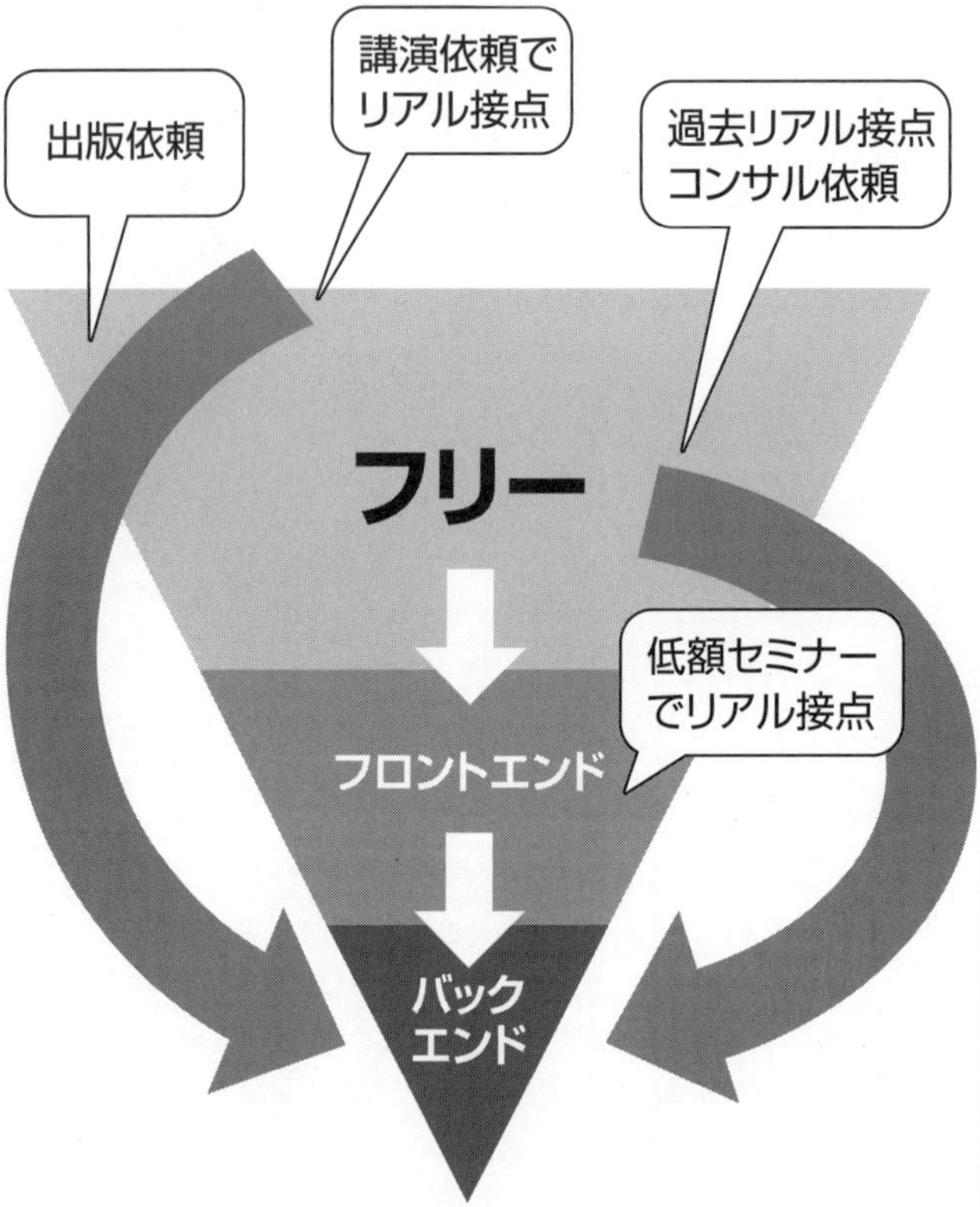
出版依頼
講演依頼でリアル接点
過去リアル接点コンサル依頼
フリー
低額セミナーでリアル接点
フロントエンド
バックエンド

Ｆａｃｅｂｏｏｋ活用の肝は「リアルとネットの融合」

ここでは、Ｆａｃｅｂｏｏｋ活用において、肝となる構造について見ていきたいと思います。

基本は、「リアルの場」で培った信頼を「Ｆａｃｅｂｏｏｋの場」に活かしていく、「Ｆａｃｅｂｏｏｋの場で培った評判」をリアルで会うとかリアルの店舗に来ていただくとか、「リアルの場」に活かしていく。さらに「リアルの場」で信頼を獲得して、その情報をまたＦａｃｅｂｏｏｋでシェアしてもらうなど、「リアルの場」と「Ｆａｃｅｂｏｏｋの場」をぐるぐる回していくことで、商談獲得であったり、店舗リピート率ＵＰといった成果につながっていくのだと思います。

一番いいのはリアルで会うとか、店舗で何かに触れるとか、人と話すということです。私の場合、一番効果的なのは、毎日お客さんと会って一対一で直接お話をさせていただくということです。ただ、何百人、何千人に毎日会うことはできないので、リアルで会った後は個人ページで友達になっていただく、Ｆａｃｅｂｏｏｋページでファンになっていた

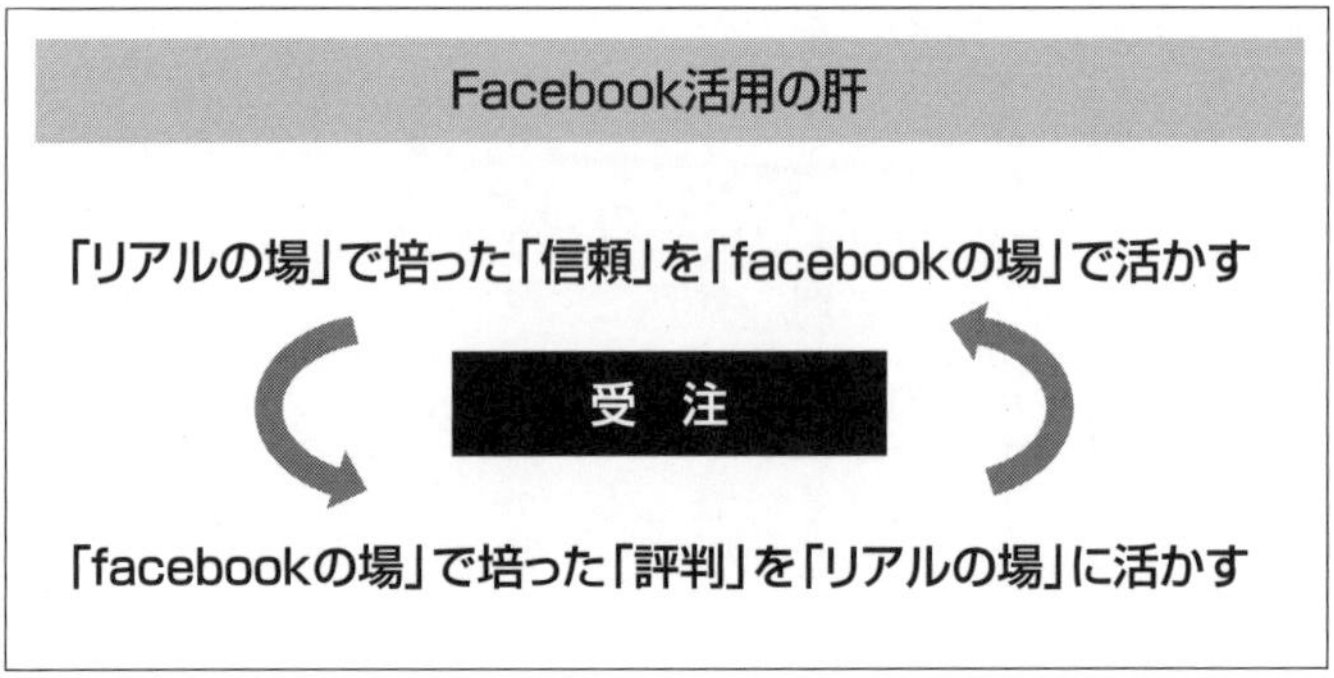
Facebook活用の肝
「リアルの場」で培った「信頼」を「facebookの場」で活かす
受 注
「facebookの場」で培った「評判」を「リアルの場」に活かす

だくなどすれば、一つの投稿が数千人に広がるという形になっていくので、定期的に接触をしていくことができる、お客様を維持していくことができることになります。そこで培った人間関係、絆がベースにあると、リアルな場に来てもらいやすくなります。

私がセミナーをやってお会いした方だと、定期的にＦａｃｅｂｏｏｋでつながっていれば、その方が、いざＦａｃｅｂｏｏｋを本格的に活用していきたいというような時に、コンサルティングのご相談をいただくとか、別のセミナーをご案内した時に参加していただきやすくなるということがあります。

ここの「リアルの場」と「Ｆａｃｅｂｏｏｋの場」をぐるぐる回していくことで成果につながっていくのかなと思っております。この考え方は、私のＦａｃｅｂｏ ｏｋの活用に関して一貫している大切なコンセプトとなります。

次に、私が「リアルの場」と「Ｆａｃｅｂｏｏｋの場」で具体的に何をしているのかということについてご説明をしていきたいと思います。

まず、「リアルの場」では信頼を獲得するということです。そのためには何をするのかといえば、一つが課題解決力を訴求する、もう一つは人の魅力を訴求するということです。

私はリクルートでトップセールスだった時代がありますが、営業の視点でみると、何か困っているお客さんがいると、問題解決をしてくれるそうな人に相談するということがあります。かつ、話しやすい人、日頃から信頼関係ができているような人がいれば、その人に相談するでしょう。実際に自身の問題解決能力を証明していくことが必要になると思います。

私は講演やセミナーなどリアルの場でお客さんと会うということを通じてその解決力のある人間だと認めていただけるように努めております。また、人間性、信頼感など、自分がどんな人間であるかを分かっていただくことも大切です。リアルな場でお客様と飲みに

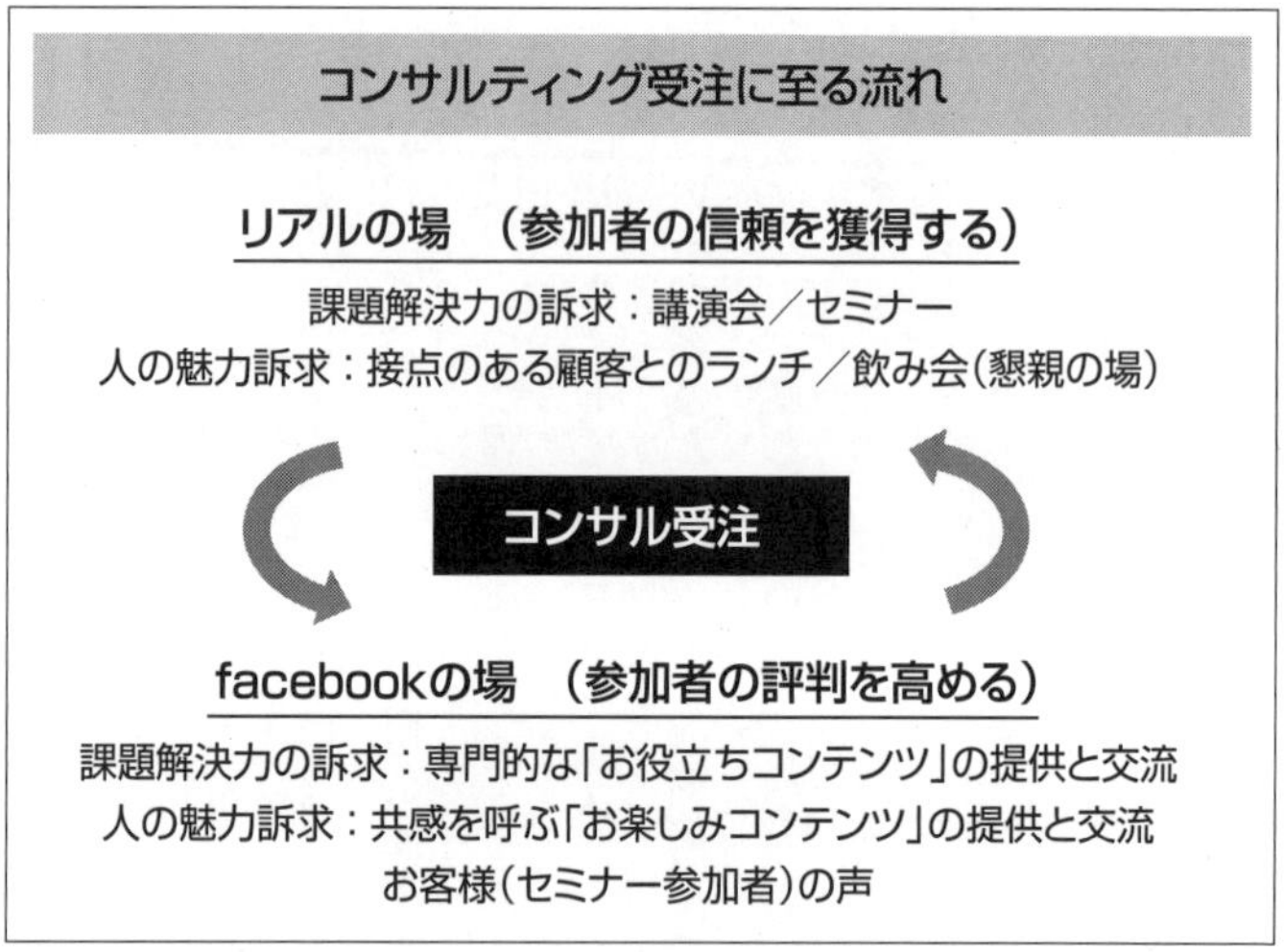
コンサルティング受注に至る流れ
リアルの場　（参加者の信頼を獲得する）
課題解決力の訴求：講演会／セミナー
人の魅力訴求：接点のある顧客とのランチ／飲み会（懇親の場）
コンサル受注
facebookの場　（参加者の評判を高める）
課題解決力の訴求：専門的な「お役立ちコンテンツ」の提供と交流
人の魅力訴求：共感を呼ぶ「お楽しみコンテンツ」の提供と交流
お客様（セミナー参加者）の声

行ったりランチをしたりする中でプライベートな会話をしてゆくうちに、信頼が醸成され、仕事のご依頼をいただくこともあります。

次に「Facebookの場」では評判を獲得するということを主眼に情報発信と交流を行っています。過去に実際にお会いした人に個人ページで友達になっていただいたり、Facebookページのファンになっていただく、さらに私と過去に接点のない方にFacebookページのファンや個人ページのフィード購読者になっていただき、課題解決力や人の魅力を訴求するコンテンツ投稿を日々行っています。

一例としては、ソーシャルメディア集客についての私の見解やノウハウを一部切り出して、課題解決力を訴求するような投稿を行っていたり、人の魅力訴求としては、私自身が人として大切にしている教え、考え、マインドセットを投稿していったり、今日どこどこに来て、この場所は良かったなどプライベートな側面も見せつつ、面白く、役に立つ有益なコンテンツを投稿しています。

ふだんＦａｃｅｂｏｏｋ上でやりとりをしていると、接触回数が増えていくので、セミナー開催のお声がけなどをすると、来ていただきやすくなります。セミナー参加者の声なども使わせていただいているので、このような評判を見た方がセミナーに来られて、実際に交流する中で、コンサルの話へとつながることもあります。

なぜ、リアルが重要か？

私はこれまで、インターネットの求人広告の企画や営業、そしてSEO、ネット広告、ソーシャルメディア全般のコンサルテーションを7年程やってきました。

私は昔からインターネットはすごいものだと思っていましたが、やや過信していたことを思い知る出来事がありました。「ウィルマッチ」という会社を起こして何ヵ月か経過したころ、インターネットだけで大きな受注につなげられるんじゃないかと思い、リアルで開催したセミナー内容を動画形式にして販売しようというプロジェクトをやっていた時期があります。期間を分けて、リアルセミナーの告知と動画セミナーの告知を行ったのですが、蓋を開けてみると、リアルセミナーに来られる方の方が圧倒的に多い。お客さんは、リアルに会うということに価値を持っていらっしゃる方が多いということを知りました。

考えてみれば、WEBだけで数万以上の発注というのは、名前がかなり売れている方なら不可能ではないと思いますが、インターネットという場だけで信頼を醸成するにはなかなかハードルが高いなというのが私の実感でした。一時期、動画セミナーに返金保障をつけたり、動画セミナーを前後半で切り分けて前半部分を無料で出していったら売れるのではないかと思ってやっていましたが、そこそこ売れはするものの、リアルでセミナーをやるということに比べると、開きがありました。リアルに勝るものはないと痛感した出来事でした。

また、例えば家や車など、高額商品を買うという時にはインターネットでいろいろと調べ、比較検討することはあるでしょうが、インターネットで即購入されるという方は、あまりいらっしゃらないと思います。家にしても車にしても展示場や販売店に行って実際の物を見て、営業の方と会話をしながら検討していくケースがほとんどだと思います。人に会うとか物に触れるとかといったものがあって初めて信頼されるのかなと思います。インターネットやＦａｃｅｂｏｏｋだけだと大きな受注に結び付くというのは結構ハードルが高いので、リアルな信頼とＦａｃｅｂｏｏｋとの評判を絡めていくことで非常に好循環になり、高実績が得られるということを私自身の体験を通じて申し上げることができます。

リアルの信頼をＦａｃｅｂｏｏｋの評判獲得に活かしていくこと

Ｆａｃｅｂｏｏｋでファンが増え、日々のコンテンツ提供で交流を重ね、セミナー参加者の好意的なコメントも集まり、その評判をもとに、セミナー集客数がどんどん増えていきました。この評判獲得のためには、コメントプラグインというＦａｃｅｂｏｏｋのコメントがそのまま自社ホームページに表示されるツールを導入しています。これを入れることでリアルにセミナーに来られた方の中で、セミナーの感想を実名顔出しで、Ｆａｃｅｂｏｏｋにコメントいただいたものをホームページにアップできるようになります。初めてセミナーのことを知った方がこのページを見た時に第三者が客観的視点でお勧めをしてくださっているコメントに触れることになるわけです。

アマゾンや食べログなどの口コミは誰が書いているかわからない、身内が書いているんじゃないの？　という思いが払拭されないのですが、実名顔出しだと、その方の名前をクリックするとＦａｃｅｂｏｏｋの個人ページに遷移して、会社名やプロフィールが分かります。資本構成ですとか、全く弊社と関係がない方が客観的にコメントしてくださってい

Facebookのコメントプラグインを活用した口コミ拡散のイメージ

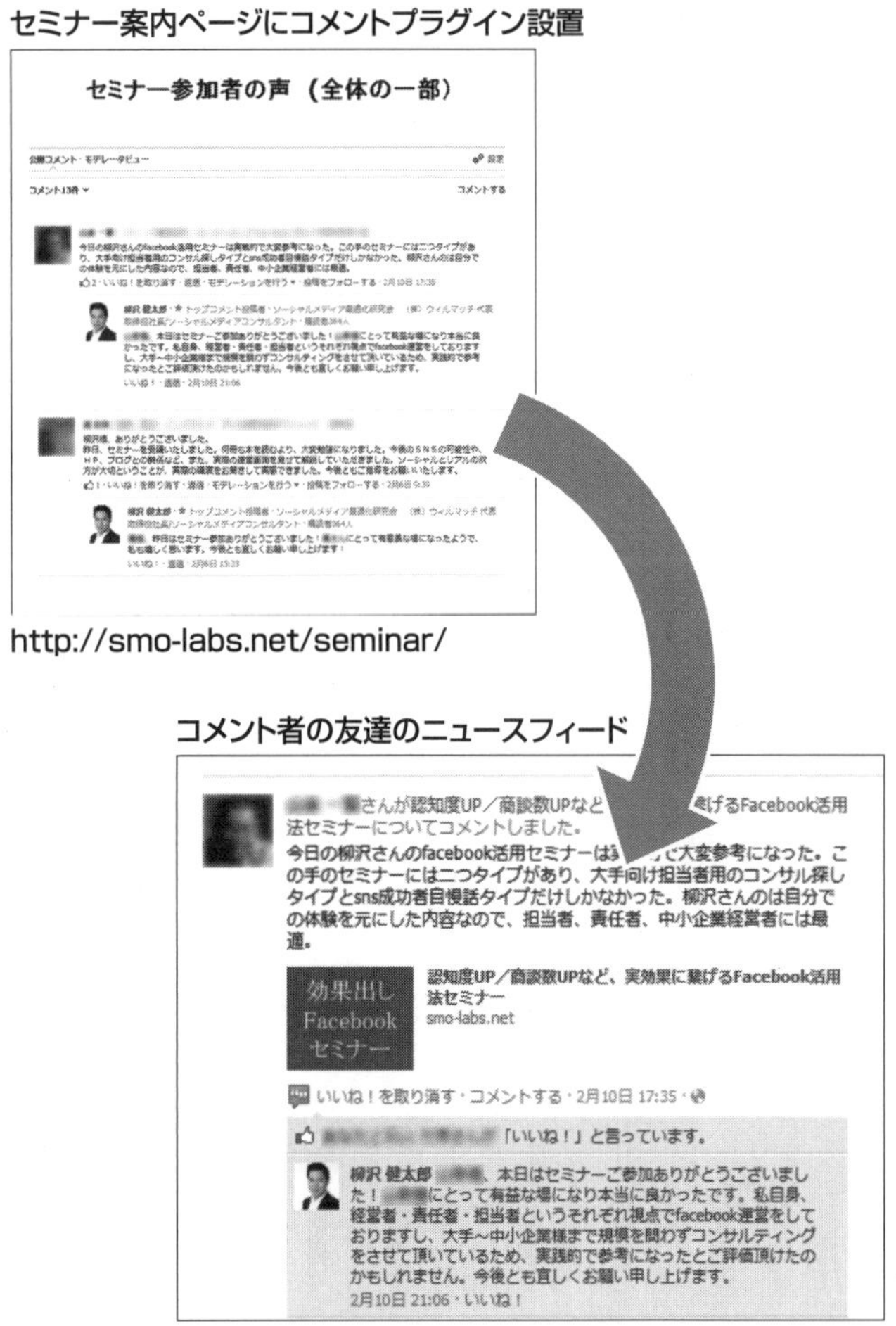

るというのがはっきりとしているわけです。
例えば私のセミナーに参加した方から、「何冊も本を読むより大変勉強になりました」とか「柳沢さんのＦａｃｅｂｏｏｋ活用法セミナーは自分での体験を元にした内容なので、実践的で大変参考になり、担当者、責任者、中小企業経営者には最適」などの好意的なコメントを寄せていただいております。それを見て背中を押されて、セミナーに参加してみたという方が増えています。また、ここでコメントされた方の場合は、コメントされた方の友達のニュースフィードにこのページのＵＲＬとコメントが自動的に表示されることになるので、セミナーの評判が、口コミでさらに広がっていくわけです。

２０１１年に私が一番最初にセミナーを開催した時には、参加者はわずか４名でした。それが２０１２年に入り、月あたり40名ぐらいの参加をいただいております。もちろん講演活動や、コンサルティング実績などで多少知名度が上がっていることもありますが、この口コミをブランド資産として抱えていくことは、集客数が大幅にアップしていくということにつながります。実際にセミナーに来られた方が次にコンサルに移行していくということにもつながりますので、これはまさしくリアルな接点を活用してソーシャルで広げていくという非常に効果的な手法だと思っております。

Ｆａｃｅｂｏｏｋの口コミ拡散の威力

人の魅力訴求という点においては、自分自身が感動したことなどをまめに情報発信しています。自分自身が感動した山本五十六の「やってみせ、言って聞かせ、させてみせ、ほめてやらねば、人は動かじ」の全文をシェアしたり、「薩摩の教え・男の順序」というコンテンツを写真つきでＦａｃｅｂｏｏｋの個人ページに投稿したりしています。

山本五十六などは高齢の方からコメントをいただいていますし、「薩摩の教え」に関しては、実に「いいね！」が２２６６も押されています。この教えは、さらになんと「シェア数」が９４５人となっています。私の個人ページでつながっている人の数は１５００名弱にもかかわらず、かなり拡散していることになります。

実はこれは携帯ゲームサイトＧＲＥＥ代表の田中良和さんにこのコンテンツをシェアし

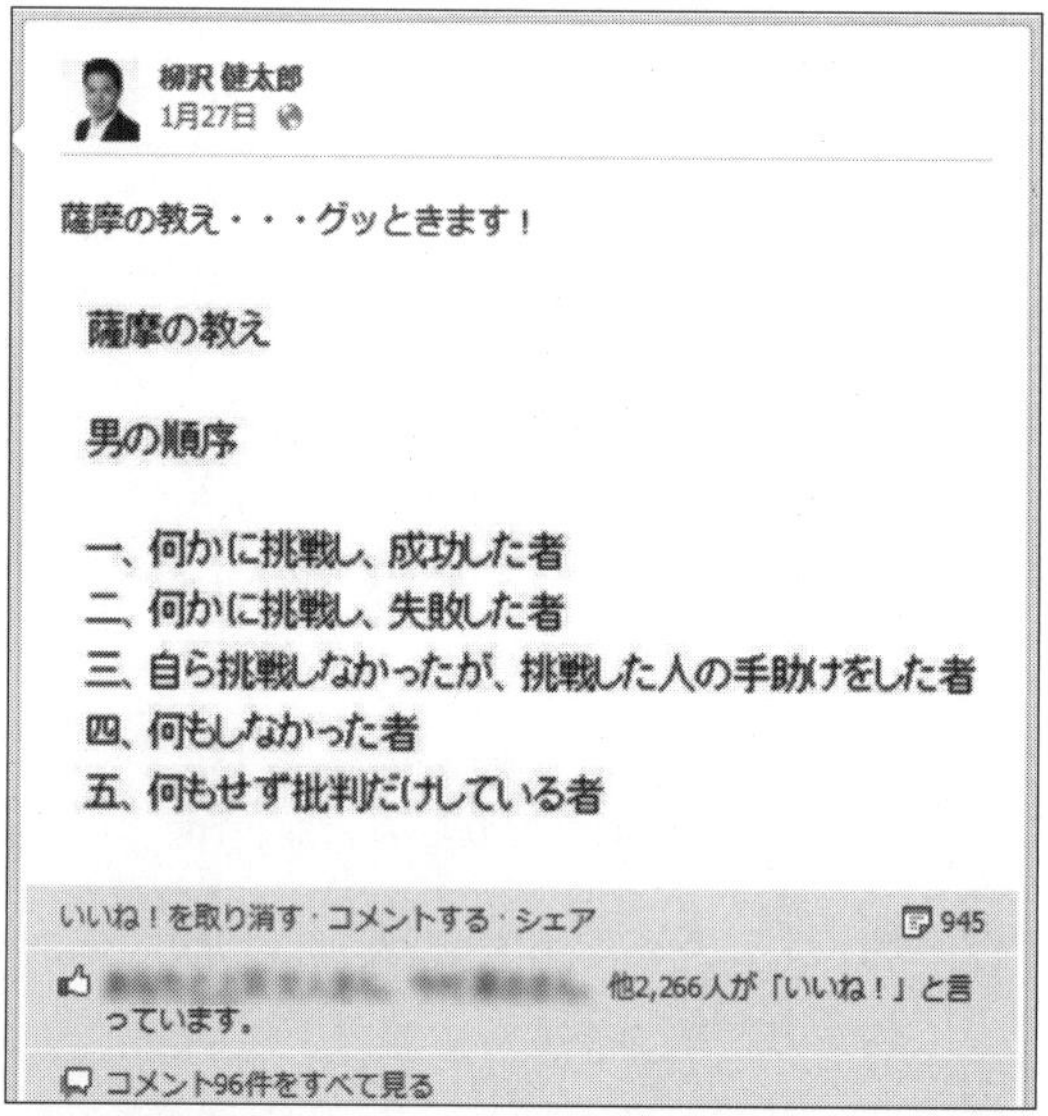
柳沢 健太郎
1月27日
薩摩の教え・・・グッときます！
薩摩の教え
男の順序
一、何かに挑戦し、成功した者
二、何かに挑戦し、失敗した者
三、自ら挑戦しなかったが、挑戦した人の手助けをした者
四、何もしなかった者
五、何もせず批判だけしている者
いいね！を取り消す・コメントする・シェア
945
他2,266人が「いいね！」と言っています。
コメント96件をすべて見る
2200人以上に「いいね！」され、900人以上に「シェア」された「薩摩の教え」

ていただいております。私と田中さんは、直接は全く接点がないのですが、友達の友達、さらにその友達くらいでつながっていたようで、私のコンテンツ投稿に共感した方が、またその友達にシェアしていくという形で、田中さんに届いたようです。田中さんは、非常に影響力の大きい方で、個人ページで２０００人を超える方とつながりになっているため、田中さんにシェアをしていただいたことで、さらにどんどん広がっていったわけです。

だいたいＦａｃｅｂｏｏｋの個人ページの友達は、平均して1人あたり１００人程友達がいるため、９４５人にシェアいただいたとすると９４５００人に私のコンテンツ投稿が表示された計算になります。Ｆａｃｅｂｏｏｋの口コミ拡散の威力というのはすごいものだなと改めて思っております。

こういう仕組みができたのは、人類史上初といってもいいのではないでしょうか。情報を本気で発信、拡散したいと考えているなら、この機能を有効に使わないということは実に大きな損失だと思います。

ソーシャルメディアの活用は循環型

「ソーシャルメディアを活用した影響力の輪」というものを私が提唱しているのですが、ソーシャルメディアというのは、半年とか1年をかけてじわじわ効いてくるなというのが実感です。

私自身、Ｆａｃｅｂｏｏｋページを私一人で立ち上げて、ファンはゼロから始まりました。始めて3カ月、半年くらいでようやくファンが２０００名、３０００名になり、その後８０００名を超え、現在に至っております。

まずは、ファンやお友達に自分を認知、理解してもらうために、共感を呼ぶコンテンツを投稿していくことから始まります。Ｆａｃｅｂｏｏｋのコメントなどを通じて交流していく中で、実際にお会いするなどして、信頼をしていただき、セミナーやコンサルティングの場に参加していただく。

そこからさらに情報を共有して、さらに多くの人に認知していただく。ぐるぐる回っている図を入れていますが、立ち上がりは小さな円でも、半年、1年経過して輪は大きくなっていきます。こういうブランディングの資産を獲得していくのが重要ですが、やったけれど成果が出ないという期間があるので、途中であきらめて止めてしまう方がいらっしゃいます。ただ、そこを耐えて、一件成果がでるまでの半年、1年を待てるかどうか、ハードルを超えられるかどうかがとても大事だと思います。一件待てれば、何かしらアクションを起こすことに対してハードルが下がってきて、モチベーションも上がってきます。そこ

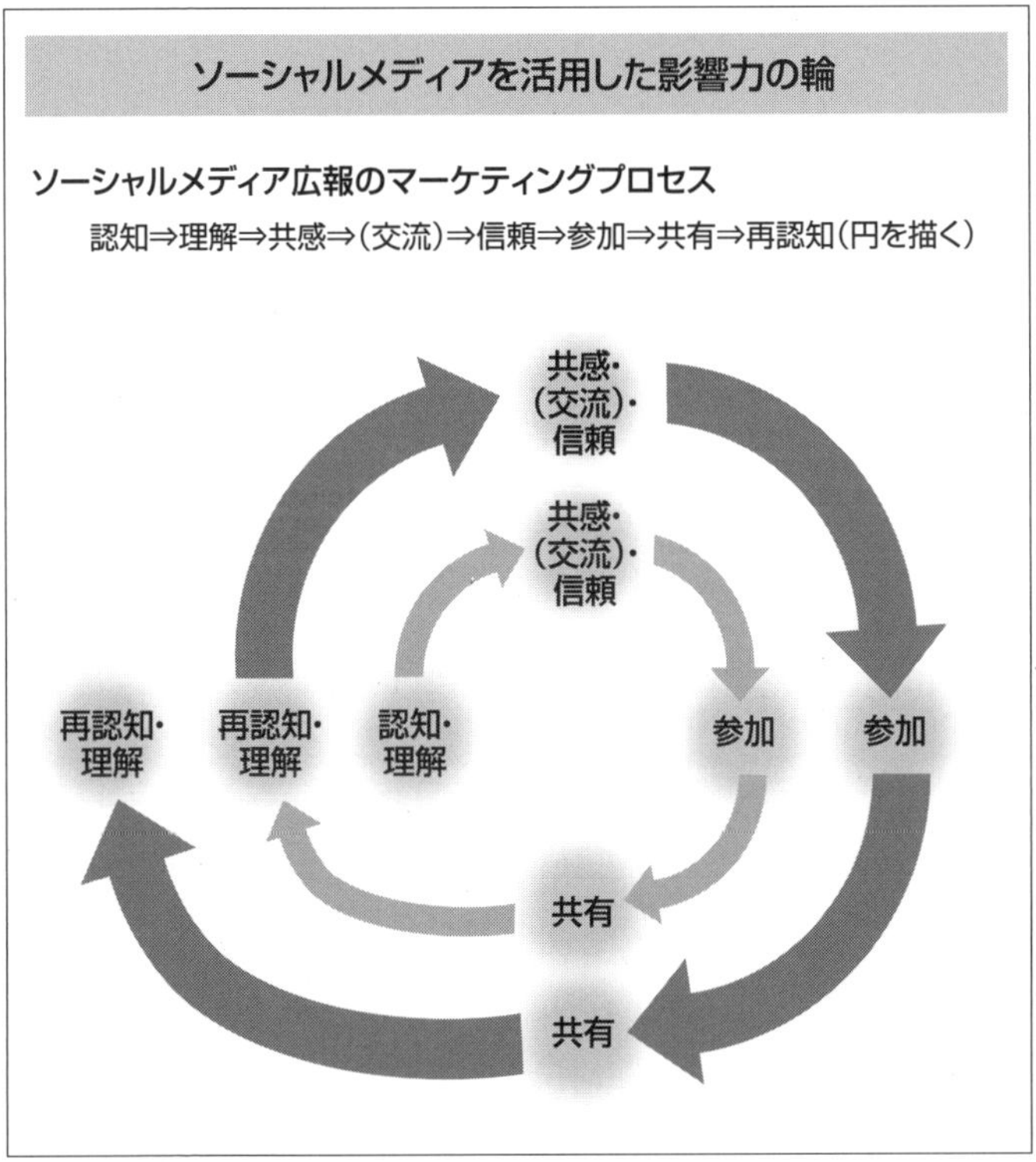
ソーシャルメディアを活用した影響力の輪
ソーシャルメディア広報のマーケティングプロセス
認知⇒理解⇒共感⇒(交流)⇒信頼⇒参加⇒共有⇒再認知(円を描く)
共感・(交流)・信頼
共感・(交流)・信頼
再認知・理解
再認知・理解
認知・理解
参加
参加
共有
共有

からどんどん成果につながっていくと思います。

Ｆａｃｅｂｏｏｋの登場がパーソナルブランディングを変えた

さて、起業からここまでのストーリーをお話ししましたが、私はこれまでに、リクルートで人材系の営業を5年やり、その後もネット集客の営業などに携わってきました。当時と何が大きく変わったかというと、自分で必死に仕事を取りに動くというところから、Ｆａｃｅｂｏｏｋでパーソナルブランディングを確立することで、仕事の依頼が向こうからやって来るという状況を作ることができるようになったことです。

パーソナルブランディングが思い通りにいかないという方は、非常に多いと思います。特に、個人事業主や、コンサルタントの方です。あるいはクリエーターとかカウンセラーなど、専門家や専門的な知識を提供していくような仕事をされている方にとっても、パーソナルブランディングは大きな課題だと思います。

パーソナルブランディングのための効果的な手法というのは、これまでなかなかなかったと思います。テレビや雑誌、ネットの広告などがありますけれど、個人の場合ですと長年にわたり相当な努力をしてようやくブレイクするというケースが多く、そこにたどりつくまでにすごく時間がかかり、たどりつけるのはごく一握りの人でした。

ところが、Ｆａｃｅｂｏｏｋという新時代のツールが登場し、多くの商談をいただいたり、あるいは自分が知らない方や会ったことのない方に対して自分自身をブランディングしていくといったことが、非常に安い費用でできるようになったのです。

ソーシャルメディアなど新しいさまざまなツールが登場したことで、パーソナルブランディングのパラダイムはシフトしたのだと言えるのではないでしょうか。

これまでパーソナルブランディングを効果的に行うすべはありませんでした。広告を出すにはコストがかかりますし、効果的なブランディングがなされないために、価格を下げざるをえなかったり、知人など身近な人脈を頼って必死に営業を行わなければなりませんでした。大手企業と比べ、中小企業や個人経営者、フリーランスなどにとっては、労多くして儲からないというのがこれまでの時代だったと思います。

それが、Ｆａｃｅｂｏｏｋを活用することで、販促コストを下げることができるようになり、さらにブランディングも可能となりました。結果として、サービスの提供価格をコントロールできる、仕事が自然と入ってくる、自分がやりたい仕事を選ぶことができるといった波及効果が現れるようになります。パーソナルブランディングを築けば、労少なくして儲かる仕掛けを築くことができるのです。

「草の根型パーソナルブランディング」の時代へ

次に、新しいパーソナルブランディングについて、従来のブランディングと対比していきたいと思います。

従来のパーソナルブランディングというものを考えると、たとえば、たくさん本を書いているとか、テレビなどでコメンテーターを務めているなど、現在メディアから注目されているような方も、そこに至るまでには、相当な年数がかかっているのではないかと思います。しかも、一般の方から見ると雲の上の存在で、気軽に相談などができる存在ではありませんでした。

ところが、新しい時代のパーソナルブランディングのあり方は、従来とは大きく変わります。Ｆａｃｅｂｏｏｋを活用した新しいパーソナルブランディングを、私は「草の根型パーソナルブランディング」と呼んでいます。

草の根型パーソナルブランディングでは、参加者のマインドシェアをあげるといったところからスタートすることができます。自分の周りにいる友達など、もともと接点のある人を中心に認知を広げ、評価を獲得していくという方法です。今だったら比較的短期間でのブランディングが可能なのではないでしょうか。これを実践している人はまだまだ少ないからです。たとえば、Ｆａｃｅｂｏｏｋの世界では１～２年後、業種や業態ごとに代表する人物が決まってしまうのではないかと思います。どんな時代でもそうですけれど、〝先行者メリット〟というものがあり、同業他社に先んじてスタートすることが大事なのだと思います。

しかも、初期投資ということで考えても、従来のマス型のブランディングとは異なり、Ｆａｃｅｂｏｏｋを活用することで、比較的低コストでスタートすることができます。

〝身近な専門家〟をめざせ！

また、新しいパーソナルブランディングでは、役に立つ情報を教えてくれて、相談に乗ってくれる〝身近な専門家〟という立ち位置が重要になってきます。多くの人に評価されることも大事かもしれませんが、それよりも有益な情報を提供してくれるとか、双方向のコミュニケーションに応じてくれるといったことが、差別化の決め手となります。

最初は草の根型のパーソナルブランディングから始め、実績が出はじめたところでマス型のパーソナルブランディングにシフトさせることも可能です。多くの人に認知され、大きな仕事をいただけるようになり、本を書いたり、講演をするといった、マスを対象とした活動ができるようになるのです。

したがって、先ほども述べたように、新しいパーソナルブランディングでメリットを享受できる方、たとえば起業家、コーチ、コンサルタント、フリーランサーなど、専門的な知識を提供して、ブランディングをして仕事を獲得していくような方々にとっては、まさに、千載一遇のチャンスなのではないかと思っております。

ＢｔｏＣ系のブランドプロモーションにも効果的

商売されている個人、経営者の方であれば直接相談が来るなどの効果がありますが、ＢｔｏＣ（Business to Consumer）系のブランドをお持ちの企業の場合、Ｆａｃｅｂｏｏｋを活用することで、どんなメリットがあるでしょうか。

まず確かなことは、莫大な広告費をかけることなく、いざ店頭で商品を購入するタイミングで「～を買うならこのブランド」というように第一想起される存在になることが可能です。リアルの店舗に行った時にその商品のことを思い出していただけるかどうか。

これはテレビＣＭの効果と同じで、想起率を上げるということです。

テレビＣＭで多く見ているような商品であれば認知されていますので、いざ店頭で手にとってしまいますが、知らない商品ですと、なかなか認知してもらうことは難しいものです。その点、Ｆａｃｅｂｏｏｋを使って接触頻度を増やしていくことで、いざ何かを買おうとする時に、想起される状態を作りだすことが、ＢｔｏＣ系のブランドプロモーションには大事だと思います。

ところが、ＣＭに頼らずとも、ソーシャルメディアを利用して、ふだんから接触頻度を増やしていくことで、いざ何かを買おうとする時に、想起される状態を作りだすことが、可能になっています。この点が、Ｂ ｔｏ Ｃ系のブランドプロモーションにはとても大事なことだと思います。

このケースについては後ほど具体的な事例を交えながらご紹介したいと思います。

第2章　なぜ、今Facebookなのか?

本章では、「従来広報とＦａｃｅｂｏｏｋ等のソーシャルメディア広報の違い」、さらには、「Ｆａｃｅｂｏｏｋと他のソーシャルメディアとの違い」を浮き彫りにし、今Ｆａｃｅｂｏｏｋに取り組む必要性や意味合いについて述べたいと思います。

また、Ｆａｃｅｂｏｏｋといっても、Ｆａｃｅｂｏｏｋ個人ページ・Ｆａｃｅｂｏｏｋページ（旧ファンページ）・Ｆａｃｅｂｏｏｋグループ等、それぞれ、利用用途と効能が異なってきますので、このページごとの利用形態の違いをご紹介することで、読者の皆様が取り組む上でどのページを選択すればよいのかをイメージしていただきたいと思います。

従来広報とＦａｃｅｂｏｏｋ等のソーシャルメディア広報との違い

企業の広報メディアというのは大きく3つあるといわれています。一般にいう、トリプルメディアです。

まず一つ目はペイド（ｐａｉｄ）メディア。いわゆるマスメディアで、テレビＣＭ、雑誌、新聞の他に、ＷＥＢ広告、検索連動型広告など有料のメディアを総称します。

これまで、企業にとってメディアというのは、このペイドメディアが主流で、情報発信者である企業の一方的な告知で、「こういう商品を売り込みたい」という広告的なものが中心になっています。マス広告で企業側の情報を発信し、販売促進でその後を受けるという形をとるのが主流でした。このメディアの特徴は定量的にかなりのお金がかかるということです。

二つ目がオウンド（ｏｗｎｅｄ）メディアです。オウンドは自身のという意味です。まず、自社ホームページや企業ブログ、自社会員へのメルマガなどがオウンドメディアです。従来型の広報アプローチとしては、情報発信者の一方的な情報発信が中心で、企業では通販系の企業とか、保険会社などが多く、お金を払って広告を掲載するなど、ペイドメディアで情報を発信し、自社ホームページなどのオウンドメディアにアクセスを誘導していきながら商品を買ってもらうとか、お問い合わせをいただくという流れをとるのが主流です。

このメディアはお金があるところや、企業のブランド力があるところが強いと言えます。特に検索連動型広告（検索したキーワードと関連して表示される広告）で何か買おうという時は、すでに買うという前提でネットで調べ物をしているので、厳しく比較検討されることになります。となると、安いとか、かなり実績があるとかその二つのうちのどちらかで選ばれることになります。大手企業ならまだしも、中堅とか中小の企業になると売上げより広告費が上回るということになることもありますから、厳しいかもしれません。

ただ、最近また違う流れができていて、三つ目のメディアとしてユーザー参加型のアーンド（ｅａｒｎｅｄ）メディアというものがあります。ｅａｒｎｅｄとは、評判を獲得する（稼ぐ）という意味合いがあり、ユーザーの評判を獲得する（稼ぐ）メディアという位置づけになります。

アーンドメディアには2種類ありまして、一つ目はユーザーによる情報発信が主体のソーシャルメディアです。アマゾンや食べログの口コミや、個人のブログなど、これは消費者からの一方的な評価になるので企業側からコントロールするのが難しいものになります。逆にコントロールしようとすると、例えば「食べログ」での自社ランキングをつりあげるためにある企業がお金を使ってどこかの会社を雇って記事を書かせた、つまり情報操作をしかけたということが分かって、問題になったことがありました。

お金を払って全然知らない人に匿名で自社の利益につながるために書かせているという

のは、サイトの信頼性に関わってきますから、サイト管理者はそういう会社の取り締まりを厳しくして、排除しようとしています。

もう一つは、企業とユーザーの双方向の情報発信をしながら何かしら自社にアクセスされていくメディアです。例えば、Ｔｗｉｔｔｅｒ、Ｆａｃｅｂｏｏｋなどがあって、企業側が何かしらのコンテンツを投稿したのに対して、ユーザーから反応を得ていきながらそのコンテンツを周りに拡散させていくという手法です。この場合、口コミの発生源に関しては企業側でコントロールしやすいということがあります。特徴としては、利用自体は無料であり、お金がかからないのですが、１日１回は投稿するなど、手間がかかるということがあります。企業とユーザーとの双方向の交流によって自然に反応した友達から友達へと口コミで広がって行くという自然の拡散が中心になります。

今後主流になってくる広報アプローチとしては、アーンドメディアとオウンドメディアを組み合わせるという方法だと思います。第一章のゲイリーさんの事例でも触れましたが、企業ブログや自社ホームページなどのオウンドメディアに何かしらのコンテンツをアップしてＦａｃｅｂｏｏｋなどのアーンドメディアに投稿することで自社メディアの方に人を流し、ページへのアクセス数を増やしていくというやり方です。この方法の特徴は、あくまでもまず共感が先にあるということです。共感できるコンテンツをアーンドメディアに投稿し、そこから自社ホームページの方に来ていただいて、さらにコンテンツを深く伝えていくというのが主流になってくるでしょう。

ソーシャルメディアが求められる歴史的背景

情報大爆発という言葉が、ここ数年聞かれています。人が取得できる情報量を超えた情報の提供が進んでいるということです。従来のテレビ、新聞、雑誌、ラジオという４マス媒体以外に、インターネットがスタートした１９９５年以降、企業ホームページやニュースサイト、メールマガジン等の開設が進み、その後２００３年あたりからブログ等を活用して、個人でも情報発信が簡単にできる時代になりました。

こうなると、提供される情報の量が取得できる情報を上回る状態が発生してきます。もちろん検索エンジンを利用して、欲しい情報を効率よく探すという方法もありますが、検索エンジンは過去の情報の検索には向いているのですが、今起きている情報の取得には不向きですし、検索結果についても、これまでは、お金を払って上位表示することができる世界でもあったので、本当に今自分が必要としている情報を効率よく取得するというニーズを満たすことができなくなってきました。

そこに登場したのが、Ｔｗｉｔｔｅｒ、Ｆａｃｅｂｏｏｋといったソーシャルメディアです。信頼している友達や専門家、ブランドが話題にしている情報やお薦めしている情報をリアルタイムに取得することができるソーシャルメディアは、こういった情報大爆発の時代には必須のツールとして求められています。

他のソーシャルメディアとＦａｃｅｂｏｏｋの比較

現在日本で、３大ソーシャルメディアと言われているのがＴｗｉｔｔｅｒ・Ｆａｃｅｂｏｏｋ・ｍｉｘｉです。

全世界的に見たらどうかというと、２０１１年2月の世界ソーシャルメディアランキングでは一日あたりの利用者数はＦａｃｅｂｏｏｋが1位で3・1億人です。Ｔｗｉｔｔｅｒが２３００万人、ｍｉｘｉが７００万人といわれています。（グーグルトレンド２０１１年2月調査）

次に２０１２年1月のニールセン調査を基に日本国内の利用実態とソーシャルメディアごとの特徴について私の考えを述べたいと思います。

ｍｉｘｉ

月間ＰＣ訪問者数でｍｉｘｉは８０３万人です。若手女性が中心で、年収ゾーンは３００〜５００万円が多い。利用方法としては親しい友達どうしでの日記の交換など、井戸端会議的に使われており、匿名が中心です。２０１１年後半に商用利用のｍｉｘｉページができましたが、ビジネス利用は未知数です。Ｆａｃｅｂｏｏｋほどの機能性や口コミの拡散機能がないため、今のところまだどうなっていくのか分からない状況です。

私の考えでは女性の美容、化粧品とか女性向けのブランディングには有効かと思います

日本国内の企業が利用するソーシャルメディアの種類と特徴

	mixi	Twitter	Facebook
月間PC訪問者数	803万人	1359万人	1304万人
匿名／実名	匿名中心	匿名･実名両方	実名中心
商用利用	× → ○	○	○
主な利用者層	※20･30代が中心 ※男女ともに利用 ※世帯年収300～500万円が多い	※30･40代が中心 ※男性利用が中心 ※世帯年収500万円以上が多い	※30･40代が中心 ※男性利用が中心 ※世帯年収500万円以上が多い
主な利用方法	親しい友達との日記の交換や匿名でのコミュニティ参加が中心	自由にフォローできるため、著名人やニュース、親しい友達の発言など、欲しい情報を自動的に入手したいというニーズにマッチしている	mixi･twitterの機能を網羅し、その上、外部ページとの連携にも優れており、企業ホームページや企業ブログのコンテンツを簡単に口コミ拡散できる「いいね!」ボタンやコメント機能等を取り揃えている

ソーシャルメディアの月間PC訪問者数推移

PC訪問者数推移

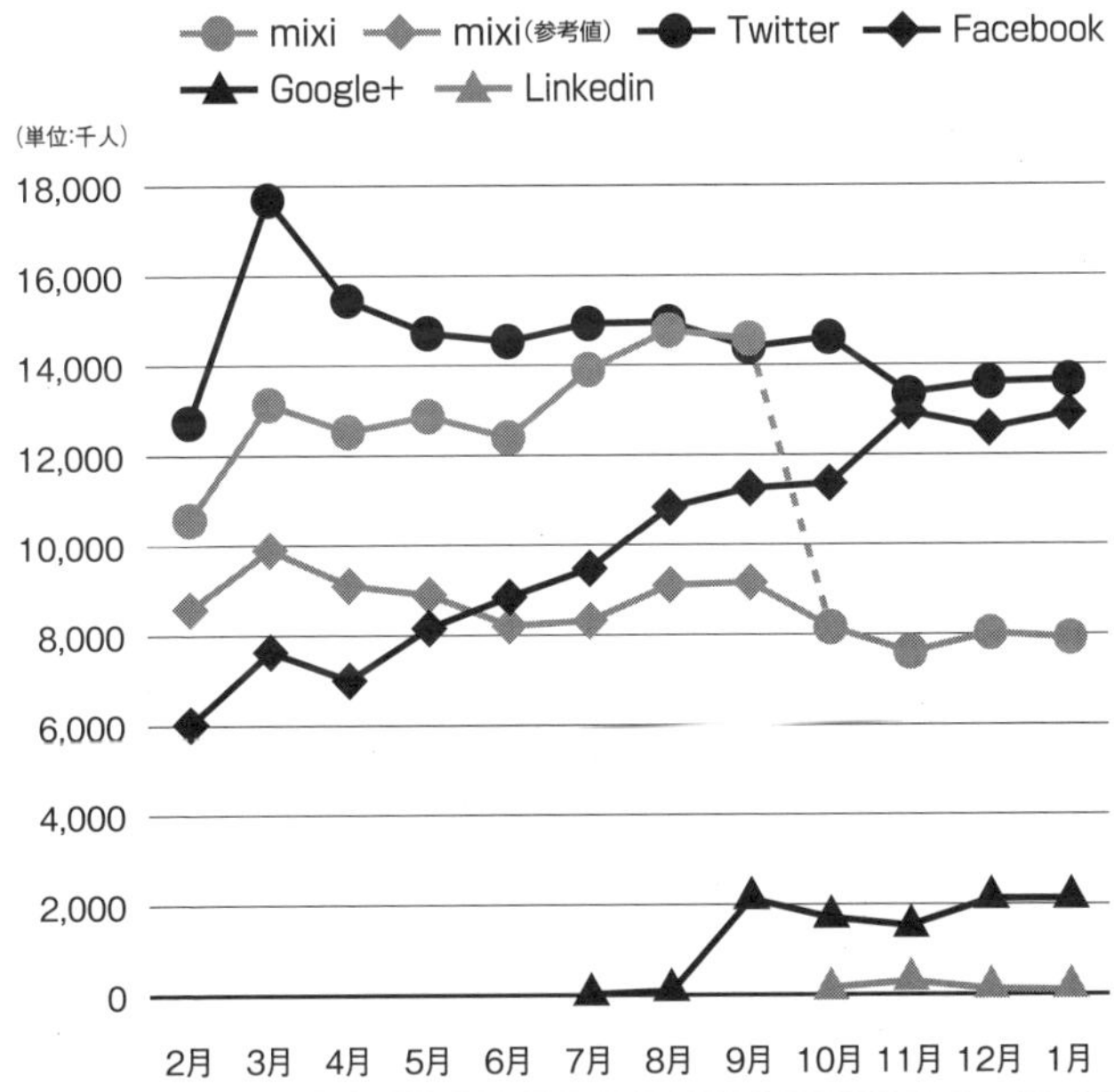
mixi
mixi(参考値)
Twitter
Facebook
Google+
Linkedin
(単位:千人)
18,000
16,000
14,000
12,000
10,000
8,000
6,000
4,000
2,000
0
2月
3月
4月
5月
6月
7月
8月
9月
10月
11月
12月
1月

	2月	3月	4月	5月	6月	7月	8月	9月	10月	11月	12月	1月
mixi	10,659	13,211	12,507	12,864	12,433	14,033	14,917	14,723	8,385	7,684	8,135	8,037
Twitter	12,824	17,571	15,489	14,666	14,516	14,914	14,962	14,416	14,551	13,199	13,529	13,593
Facebook	6,030	7,659	6,939	8,204	8,717	9,504	10,827	11,274	11,319	13,061	12,543	13,049
Google+						91	166	2,257	1,622	1,541	2,038	2,051
Linkedin									228	310	176	199

(単位:千人)

※2012年1月　ニールセン調査資料より抜粋

が、ビジネス利用でやっていくには匿名中心なので、実名利用のＦａｃｅｂｏｏｋと比べて、炎上リスク的なところがやや懸念されます。ただ、ユニクロやローソンなど、多くの消費者を対象としたブランドであれば、Ｔｗｉｔｔｅｒ・Ｆａｃｅｂｏｏｋと併せ、ｍｉｘｉもやっておいた方がいいでしょう。

Twitter

月間ＰＣ訪問者数でＴｗｉｔｔｅｒは１３５９万人、匿名実名ＯＫで、30代40代の男性が中心になります。世帯年収は５００万円以上が多く、ビジネス利用もできます。主な利用方法としては、著名人などを自由にフォローすることができ、ニュースや情報収集に向いているといえます。

近ごろ、Ｔｗｉｔｔｅｒ訪問者数はやや減少傾向にあります。リツイートやリプライといった反応の仕組みもあるのですが、Ｆａｃｅｂｏｏｋのように投稿に対して、簡単に「いいね！」や「コメント」をする、すなわち容易に反応する仕掛けがないので、投稿が自分個人のつぶやきで終わってしまいがちだと思います。だれかとゆるくつながっているというベースがあり、見られている感じがないので楽につぶやけるし、垣根が低い。だれか見ていたらいいよね、くらいの感じでしょうか。

Ｆａｃｅｂｏｏｋの場合は、実名利用で親しい人にガラス張りで見られていて、しかも「いいね！」があるので、無責任な投稿は少ないですし、あまり価値のないものを投稿しようという文化がありません。Ｔｗｉｔｔｅｒは必ずしも実名ではないので、場合によっては無責任なツイートから炎上につながり、問題になることもあります。

また、投稿の広がりという部分で、Ｔｗｉｔｔｅｒはフォローという機能があり、自分を知っている友達やそれ以外の第三者が自分のアカウントをフォローすると、全てのツイートが公開され、リツイートされると情報が口コミ拡散していきます。Ｆａｃｅｂｏｏｋの場合は、２０１１年半ばに、フィード購読機能を開発し、個人ページにフィード購読機能を設定しておくと、個人ページで公開設定した投稿をフィード購読者という第三者に届けることができるようになりました。Ｆａｃｅｂｏｏｋページ（ブランド用のページ）の方では、昔から誰でもファンになってもらえて、情報を口コミ拡散させることができたわけですが、この機能が個人ページにも波及し、ブランド以外の個人であっても、投稿の広がりを加速していくことができるようになりました。Ｔｗｉｔｔｅｒの唯一の特徴的なフォローという機能をＦａｃｅｂｏｏｋも取り入れてきているわけです。

Ｇｏｏｇｌｅ＋

月間ＰＣ訪問者数でＧｏｏｇｌｅ＋は２０５万人、２０１１年に登場して一時期伸びていました。サークル機能というものがあり、情報を「Ａ」はビジネス、「Ｂ」はプライベートなど特定のグループだけを指定して閲覧でき、そのグループを指定して情報を届けることができるなど、情報の閲覧範囲や公開範囲の設定を自由に行えるため、リリース当初は好意的な反応が多かったようです。

ただ、その後ＦａｃｅｂｏｏｋもＧｏｏｇｌｅ＋のサークル機能にあたる、スマートリストや先ほどご説明したフィード購読機能という新機能を開発して、Ｇｏｏｇｌｅ＋と同様なことができるになりました。Ｇｏｏｇｌｅ＋を無力化するような打ち手を投入してきているわけです。

２０１２年３月現在ですと、Ｇｏｏｇｌｅ＋は一回は使ってみたけれど、毎日アクセスしている人は少ないというのが現状です。2012年1月の米comScoreの調査では、月間平均滞在時間（PCサイト）でFacebookは405分、Google+は3分でした。SNSに後発参入したGoogleとしては、厳しい戦いを強いられていますが、自社資産との連携という観点で、Google検索と連携してGoogle+で共有したコンテンツが、友達の検索結果に優先的に上位表示されるような、パーソナル検索機能の開発を強化したり、Gmailとの連携を強化したりと、ユーザーを囲い込んでいる自社サービスから人を流していこうとしており、今後の打ち手に注目しています。

Linkedin

月間PC訪問者数でLinkedinは19万人です。Linkedinはもともとアメリカでジョブマッチングやビジネスマッチングといったビジネス専用のSNSとして開発されました。ユーザー自身が、職務経歴書的な詳細プロフィールを入力し、それを必要とする企業からスカウトオファーや仕事の依頼などが入ったりします。

また、直接接点のない第三者へのアポイント獲得のため、つながりになっている友達に紹介依頼を行うという使い方もされています。具体的なイメージをわかりやすくお伝えしますと、例えばネットプロモーションの営業をされている方がいて、大手企業のネットプロモーション担当の方に営業したい時に、普通に電話営業したら断わられるケースもあるわけで、そういった際に、自分の友達の中で、当該企業のご担当者と友達になっている方をＬｉｎｋｅｄｉｎで検索して、紹介依頼を行うことができます。ただし、紹介依頼といっても、あくまでも紹介する側、される側にリアルの信頼関係がないと、うまくいかないことも多いので、注意が必要です。

２０１１年後半にＬｉｎｋｅｄｉｎは日本語化されましたので、今後の活用が期待されますが、流行るかどうかという部分でいいますと、日本で浸透していくのにはまだ時間が必要だと思っています。アメリカでは、キャリアアップのために転職をする傾向が強く、職務経歴書的な詳細プロフィールを一般公開することに抵抗のあるユーザーは少ないと思いますが、日本では、１社に就職し続けることを是とした文化があると思います。特に伝統的な日本企業の場合、Ｌｉｎｋｅｄｉｎに詳細プロフィールをアップしていることを、直属の上司に見つかったりした場合、「お前は転職する気か！」と問題になるケースが発生してしまうのではないかと思います。起業家やフリーランスの方であれば、自らのプロフィールをPRしていくことに抵抗を感じる人は少ないのですが、それ以外の方だと詳細プロフィールを公開することのメリットよりも、こういたデメリットの方が多いのが、日本の現状だと思います。

ただ、実名SNSは浸透しないといわれていた日本でも、Facebookで実名公開をすることで、昔の友達とつながることができたとか、炎上リスクの低い安心できる空間で自己表現できるようになったとか、仕事の相談をいただくことが増えた、というメリットが生まれ、SNSにおける実名文化も根付き始めたと思います。ビジネスSNSには、ジョブマッチングやビジネスマッチング以外に、専門家へのQ&Aや分野ごとに特化したビジネスディスカッションや共有を行うグループ、更に企業や商品の口コミを調べることができる企業ページと、ビジネスユーザーにとっては、有益な機能がそろっており、詳細プロフィールの入力まではいかなくても、簡易プロフィールぐらいの入力で利用される可能性は十分に秘めていると思います。ただ、浸透まで時間はかかると思います。日本でのビジネスSNSは、Linkedin以外にも、日本発のビジネスSNSを標榜しているリクルート系のＢｉｚ－ＩＱ等もあり、期待しています。

Ｆａｃｅｂｏｏｋ

月間ＰＣ訪問者数でＦａｃｅｂｏｏｋは１３０４万人です。

実名利用中心で、商用利用ＯＫ、30代40代の男性が中心になります。世帯年収は５００万円以上が多く、ビジネス利用もできます。特徴としては、ｍｉｘｉ、Ｔｗｉｔｔｅｒ、Ｇｏｏｇｌｅ＋の機能をほとんど網羅していることと、「いいね！」ボタンで、周りの反応が得られやすいところです。ワンクリックでレスポンスが返ってくると、Ｆａｃｅｂｏｏｋで投稿することに効力感が生まれ、モチベーションが上がります。また、写真や動画を簡単に貼り付けたり、投稿したコンテンツに対して簡単に、コメントやシェアができるなど、交流と口コミ拡散に効果的です。

また、Ｆａｃｅｂｏｏｋの場合、自社ホームページやブログといった外部サイトに「いいね！」ボタンや「シェア」ボタン、「コメントボックス」などの各種プラグインを設置して、外部サイトをソーシャル化させることができます。この外部サイトをソーシャル化させるメリットとしては、仮に運営者が、Ｆａｃｅｂｏｏｋに自社ホームページやブログ等に掲載しているコンテンツの投稿を行わなくても、自社ホームページやブログを見に来たユーザー自身が、「いいね！」ボタンや「シェア」ボタン、「コメントボックス」を活用して、ユーザー自身のＦａｃｅｂｏｏｋのウォールに外部サイトの口コミを投稿してもらうことができ、コンテンツの口コミをその友達へと広げていくことができます。

ニールセンの調査でも、２０１１年前半からＦａｃｅｂｏｏｋの訪問者数が急激に増加しており、２０１２年1月実績ですと、月間訪問者数においてＴｗｉｔｔｅｒとＦａｃｅｂｏｏｋがほぼ同じであり、私見では、２０１２年はＦａｃｅｂｏｏｋがＴｗｉｔｔｅｒを抜くだろうと予測しています。

また、ＭＤＭ研究所の２０１１年調査では、Ｆａｃｅｂｏｏｋ利用者数の4割は、企業・団体といったビジネス利用で活用しています。これに対して、Ｔｗｉｔｔｅｒは利用者数全体の27・5％、ｍｉｘｉは7・2％であり、ビジネス利用の側面でもＦａｃｅｂｏｏｋ

外部サイトのソーシャル化のイメージ

ブログの情報がシェアされた場合

Facebook集客とGoogle集客の違い
2011-05-18 15:20:22
テーマ:ソーシャルメディアで売上を増加させる方法
Share 94 いいね! 94 ツイート 8 +1 0 B! 0
ソーシャルメディア最適化研究会代表の柳沢です。
僕のプロフィールはこちらです。

http://ameblo.jp/willmatch/

Facebook集客とGoogle集客の違い　分かりやすいたとえありがとうございます！

Facebook集客とGoogle集客の違い｜Facebookページ集客講座 上位ランキング社長が教える、ソーシャルメディアで売上を増やす方法！

ameblo.jp
柳沢健太郎@Facebookページ集客講座上位ランキング社長のFacebookページ集客講座 上位ランキング社長が教える、ソーシャルメディアで売上を増やす方法！の記事、Facebook集客とGoogle集客の違いです。

いいね！・コメントする・シェア・数秒前

シェアした人の友達のニュースフィードにブログリンク付きコメントが表示される

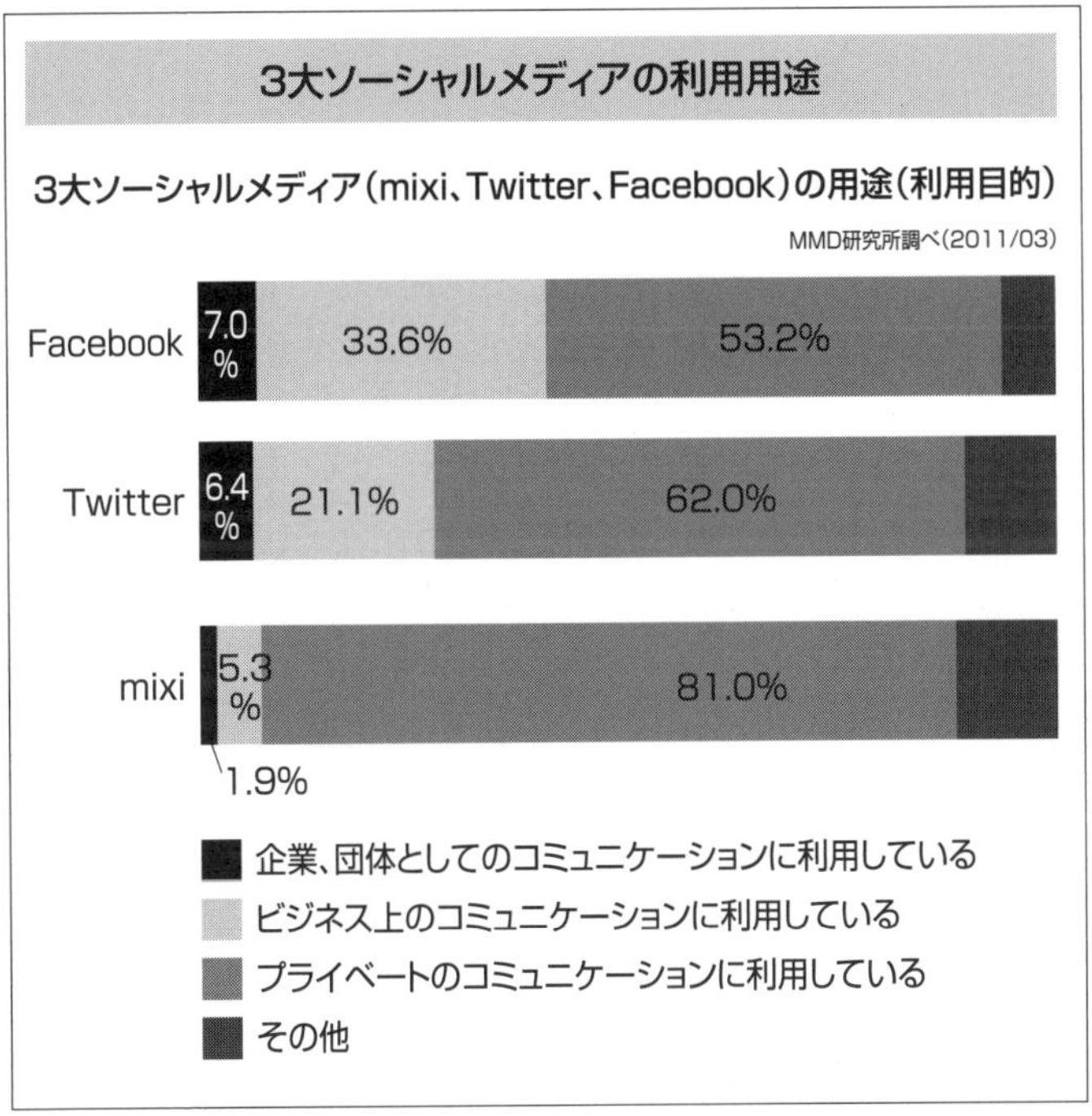
3大ソーシャルメディアの利用用途
3大ソーシャルメディア（mixi、Twitter、Facebook）の用途（利用目的）
MMD研究所調べ（2011/03）
Facebook
7.0%
33.6%
53.2%
Twitter
6.4%
21.1%
62.0%
mixi
5.3%
81.0%
1.9%
企業、団体としてのコミュニケーションに利用している
ビジネス上のコミュニケーションに利用している
プライベートのコミュニケーションに利用している
その他

がTwitter、mixiを圧倒していくことと予測しています。

Ｆａｃｅｂｏｏｋのページごとの利用形態

その機能性が優れていることは分かったけれど、いざＦａｃｅｂｏｏｋに登録をしようとした時に、多少戸惑うのがページごとの利用形態の違いについてではないでしょうか。ここでは、基本的な知識として、その機能について押さえておきたい、あるいは再確認をしておきたいと思います。

Ｆａｃｅｂｏｏｋのページには大きく3種類あります。一つ目がお友達との交流がメインの個人ページ、二つ目が旧ファンページと呼ばれていたＦａｃｅｂｏｏｋページ、三つ目がグループという個人どうしの交流を行うコミュニティページです。

個人ページ

個人ページとは、Ｆａｃｅｂｏｏｋアカウントを登録すると利用できる個人向けのページで、リアルな友達との交流が中心となってきます。「今日はどこどこに遊びに行った」とか「今日は何を食べた」というような割合身近なことを題材にしたり、自分自身の興味

Facebookのページごとの利用形態

	個人ページ	Facebookページ（旧ファンページ）	グループ
発信者	個人としての交流	ブランド（企業/商品/個人）としての交流	個人同士のコミュニティ交流
主な特徴	●リアル友達との交流 ●フィード購読機能を使い、友達以外にも個人として情報発信が行える（Twitterのフォローのイメージ）	●不特定多数のファンとの交流 ●「いいね」を押して、ファンになってもらう	●リアル友達や知り合い同士を核とした、コミュニティ掲示板として利用されている
メリット	●リアル友達を中心に交流できるため、反応率が高い。 ●友達をイベントに招待できる	●複数管理人 ●ブランドPRのための画面が豊富 ●アプリを活用できる ●広告が利用できる	●情報発信の際、Facebookの「お知らせ欄」にアラート表示される機会が多く、情報を確実にコミュニティメンバーに周知させることができる ●メンバー同士の人間関係の密度が高いと盛り上がる
デメリット	●広告が利用できない	●個人ページと比べ、反応率が低い事が多い。 ●ファンを増やすことが難しい	●メンバー同士の人間関係の密度が低いと盛り上がらない

のあることや趣味のことがらなどを話題にして交流を深めていくこともできます。

２０１１年の後半にＴｗｉｔｔｅｒのフォローのような機能を持つ「フィード購読機能」が実装されました。それまでは情報発信をしてもリアルなお友達にしか広がらなかったのが、何か一つを公開の状態で投稿するとそのフィード購読に登録してくれている人すべてに広がるので、お友達になっていなくても情報が届けられるようになっています。著名人とか芸能人などもともと多くのファンを抱えている個人であれば、一つの投稿が数千人、数万人に広がっていくというような機能になっています。

メリットとしては、リアルな友達に向けてコンテンツを投稿し、交流するため、投稿に対する「いいね！」「コメント」等の反応率が高いのが特徴です。また、イベントを主催する時に友達を招待するという機能もあり、ここで集客を図ることもできます。

ただ、デメリットとしては、Ｆａｃｅｂｏｏｋページは広告機能があるのですが、個人ページでは広告機能が利用できません。もっとも最初から有名な方、例えばＧＲＥＥの田中さんなどは２０００人くらいのフィード購読者がいて、もともと起業家としてブランドが確立しているので、何もしなくても人がどんどん集まってきます。こういう方なら個

Facebook個人ページ

個人ページのカバー写真イメージ

facebook
検索
柳沢 健太郎 (柳沢　健太郎)
基本データを編集
アクティビティログ

http://www.facebook.com/kentaro.yanagisawa

投稿コンテンツのイメージ図

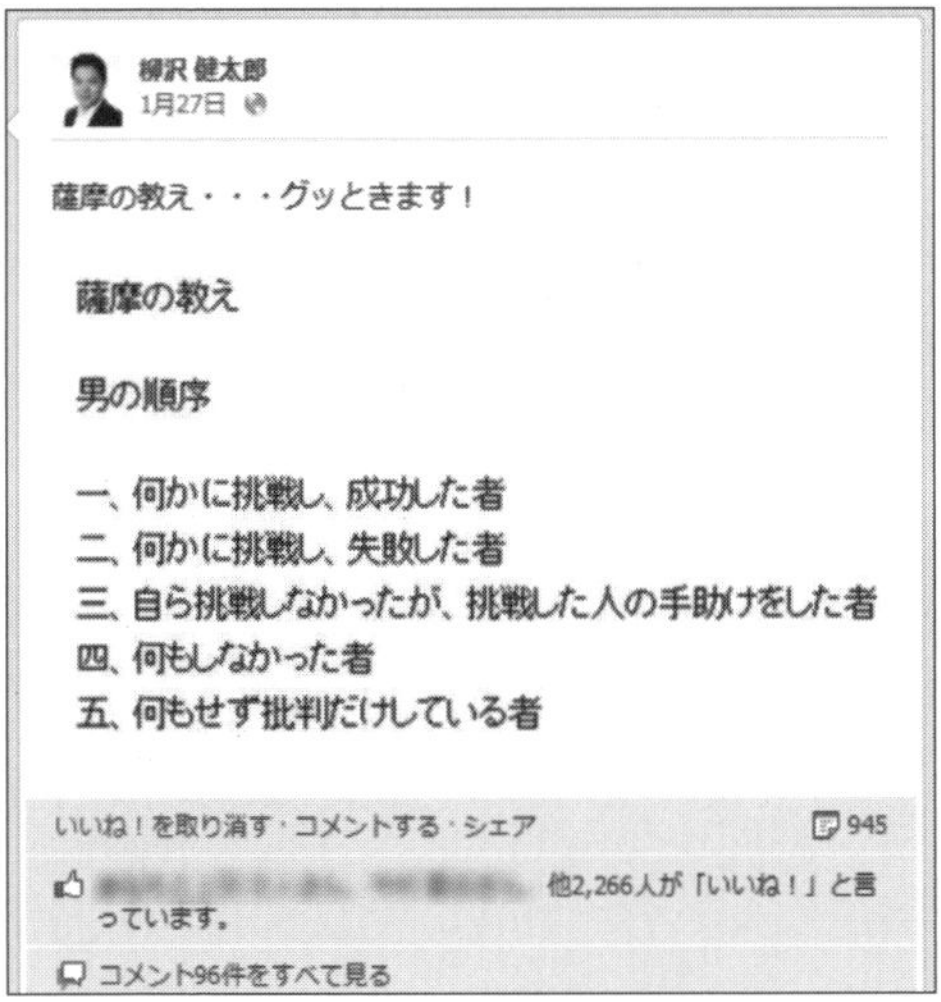
柳沢 健太郎
1月27日
薩摩の教え・・・グッときます！
薩摩の教え
男の順序
一、何かに挑戦し、成功した者
二、何かに挑戦し、失敗した者
三、自ら挑戦しなかったが、挑戦した人の手助けをした者
四、何もしなかった者
五、何もせず批判だけしている者
いいね！を取り消す・コメントする・シェア
945
他2,266人が「いいね！」と言っています。
コメント96件をすべて見る

人ページだけで発信しても十分な効果が得られますが、実績のない個人がふつうにやっても、個人ページでは、トップページしか検索エンジンにヒットしない上に、広告も使えないので、個人ページだけで認知度を上げて、集客をするというのはかなり難しいと思います。

もちろん、ごく限られた周囲の人とあくまで個人として楽しむことだけに使うのなら、個人ページだけで十分だと思いますが、個人の方がビジネスとして活用する際、やはり機能的には不足しているものが多いのでFacebookページと併用するといった使い方が中心になると思います。また、個人ページはFacebookのガイドラインにより、商用利用がNGで、自身のブランディングに活用する分には問題ないのですが、商品告知ばかりを行う使い方をした場合に、個人ページのアカウント利用に問題が発生する可能性があり、注意が必要です。

Facebookページ

次にFacebookページについてご説明しますと、主にブランドとして企業、商品、個人が不特定多数のファンと交流するという使い方になります。ファンになっていただけ

Facebookページ(旧ファンページ)

Facebookページの画面イメージ

Welcome(ようこそ)ページ

facebook
ソーシャルメディア最適化研究会　（株）ウィルマッチ
Welcome
ファン増加
集客講座
開催中！
お金をかけずに集客！
上の いいね！ を押して 最新情報を入手してみて！
ソーシャルメディア最適化研究会（株)ウィルマッチのFacebookページへようこそ！
ソーシャルメディア最適化研究会（株)ウィルマッチは
Facebookページを運営しています。

投稿コンテンツのイメージ

ソーシャルメディア最適化研究会　（株）ウィルマッチ
「あなたは、Facebook集客とGoogle集客の違いって
シンプルに考えるとどこに違いがると思いますか？」
私の考え
「Facebook集客：潜在層の育成＝ブランディング
Google集客：顕在層の刈り取り＝コンバージョン」
『Facebook集客とGoogle集客の違い』
ameblo.jp
Facebookページ集客講座 上位ランキング社長@柳沢の
Facebookページ集客講座 上位ランキング社長が教える、ソー
シャルメディアで売上を増やす方法！の記事、Facebook集客と
Google集客の違いです。
1,236人にリーチ・59人が話題にしています
いいね！を取り消す・コメントする・シェア・9月6日 23:16・
あなたと他58人が「いいね！」と言っています。

ればコンテンツを投稿した時にファンのニュースフィードに表示されます。メリットとしては複数の管理人を設定できるのと、Ｗｅｌｃｏｍｅページ（ようこそページ）というブランドＰＲができるような画面を用いて、何かしら訴求をより強化していくことができます。

また、情報を拡散させるためのアプリを利用できるとか、ビジネス利用には非常に向いているページではあります。ただ、デメリットとして、個人ページとはちがって、顔見知りではない人も結構いらっしゃるので、反応率がさほど高くないんですね。一つ投稿してもパーセンテージでいくと、１～２％ではないでしょうか。

ファンを増やしていくということがリアルに会って信頼されている方や会社だと、Ｆａｃｅｂｏｏｋページを作りましたというと、「いいね！」を簡単に押してくれたり、向こうから探して押してくれたりすることが多いです。

広告を使ったり、自社のメルマガ会員にアプローチするなど、やり方はいろいろありますが、何のリアルな交流もないのにファンを増やすというのは、ハードルが高いと思います。大手企業だったらＦａｃｅｂｏｏｋページを大きく運用していく、中小企業や個人経営者の方だったら、Ｆａｃｅｂｏｏｋページと個人ページを併用していくのがいいのかなと思います。

グループ

三つ目はグループというものです。これは、あくまで個人の方が主催し、その方がお友達を招待してコミュニティーのグループを形成していくという形になっています。特徴としてはリアルなお友達や知り合いどうしを核としたコミュニティーの掲示板として利用されます。メリットとしてＦａｃｅｂｏｏｋの左上に「お知らせ覧」という赤色でアラート表示される箇所がありますが、グループでメンバーが情報発信した際、アラート表示される事が多いため、グループ内の情報をメンバー間に認知させていくことが容易に行えます。

個人ページやＦａｃｅｂｏｏｋページのウォールにコンテンツ投稿をしても、基本「お知らせ覧」には表示されないため、ここはグループを使うメリットだと思います。あと、メンバーーどうしがリアルな友達どうしである場合、人間関係の密度がもともと高いので場が盛り上がります。デメリットとしては、知らない人どうしをかき集めてグループにし

Facebookグループ

Facebookグループの画面イメージ

「お知らせ欄」へのアラート表示

ても、人間関係の密度が低いので、反応があまりなく、盛り上がらない事が多いのも事実です。

この三つをうまく活用しながら、成果につなげていくということが大事だと思っています。

第3章　売れる営業とFacebookマーケティングの共通点

私は、過去リクルートで人材採用に関するソリューション営業を5年程やっていました。私自身トップセールスの時期もあり、また数多くのトップセールパーソンを見てきましたが、リアルな営業で実績を上げる営業のスタンスとＦａｃｅｂｏｏｋマーケティングで成果につなげるスタンスには、数多くの共通点がありました。

本章では、こうした売れる営業とＦａｃｅｂｏｏｋマーケティングの共通点を考察することで、Ｆａｃｅｂｏｏｋマーケティングとは何か、Ｆａｃｅｂｏｏｋで成果につなげるプロセスはどのようなものか、という部分を述べたいと思います。

商売不変の法則

商売不変の法則と私が提唱している考えがあります。時代がどんなに変わっても、集客をしてブランディング、つまり信頼を築いて販売するという一連のプロセスは不変であるという考え方です。

Ｆａｃｅｂｏｏｋという新時代のコミュニケーションツールであったとしても、そのプロセスは同じだと思います。

Ｆａｃｅｂｏｏｋを立ち上げて商品情報を流せばいいのではと勘違いされる方がいらっしゃいますが、もともとユニクロやローソンのようにブランディングされている、リアルの場で信頼されている関係性がある中でなら最初から商品情報をお届けしてもあまり問題はないのですが、初めて接する人や商品をいきなり紹介されても相手にとっては売り込みにしか思えません。まず、販売する前に、ブランディングされていないと、こういう商品ができましたといきなり商品の情報を出してもなかなか商品は売れません。

これは恋愛にもあてはまります。話したことのない人に「好きです」といきなり言っても「なんだそれは?」みたいなことになります。コミュニケーションもしないうちに売りこんでも断られます。これがキムタクとかの格好良い芸能人なら、いきなり言っても、ブランディングされているから付いていっちゃったりするかもしれませんが。

このことはＦａｃｅｂｏｏｋだろうが、メルマガだろうが自社ホームページでの販売であろうが、全部同じです。基本的には集客をして、ブランディングをして販売するという流れに変わりはありません。いかにブランディングをしていくかということが非常に大事な要素になります。

Ｆａｃｅｂｏｏｋを活用したマーケティングプロセスはどうかというと、認知して、理解した人に対して、共感するコンテンツを提供し、交流をしながら信頼を獲得して、最終的に販売につなげるという一連の流れになります。

ただ、私はいきなり共感というのはないので、その前に認知してもらうのが大事だと思います。認知して理解した上で共感するのだと思います。Ｆａｃｅｂｏｏｋページなら、まずはページに「いいね！」を押してもらうということから始まるわけです。

リアルな営業であれば、認知理解のためには、まずは電話で興味をひくような話をしてとりあえず訪問をするということが必要になります。

けれど、Ｆａｃｅｂｏｏｋページであれば、Ｆａｃｅｂｏｏｋ広告や、ブログ／Ｔｗｉｔｔｅｒ／自社ホームページ／メルマガ等での告知、更には個人ページでつながっている友達を招待する等の諸々の施策を実施してFacebookページに人を誘導していきます。そして、ページコンセプトに共感した方に「いいね！」を押してもらい、ファンになっていただくところからスタートします。

リクルートのトップセールスとFacebookマーケティングの共通点

私が、リクルートの数多くの営業マンを見てきて、売れている営業マンは二つの要素がありました。

一つ目は、相手と人的に仲良くなるということで売れる人もいます。

こちらは「人の魅力」です。

もう一つは、企業の課題を解決できる、役に立つ人材であり、「課題解決の魅力」ということになります。

「人の魅力」すなわち、人間関係が得意な人は社交性が強いので、その要素で営業を行ってしまいがちです。「課題解決」を得意としている人は、人よりも事象の分析に興味があるケースが多く、人付き合いが得意ではないという人もいます。この二つはだいたいが相反するものです。

若いうちから、両面を兼ねそなえていえる人は稀であり、だいたいは、人の魅力、課題解決の魅力のどちらかに偏る人が多いと思います。私自身は、振り返ってみると課題解決寄りの営業だったと思います。

営業の手順としては、まず電話でアポイントをとり、新規顧客に訪問した際に何をお話するかというと、お互いの接点はどこにあるかをさぐって、共通の話題を引き出すことが一般的です。できる営業であれば、ある程度仮説で発想します。その会社のことや業界のことをよく知っていて、御社はこういうことが今起こっているのではないですかという仮説をぶつけていくわけです。

一例として、新卒採用に関する営業場面を例にご説明します。

リーマンショック以来、就職難の状況が続いており、企業にとっては母集団形成自体は比較的容易に行うことができ、手間をかけて説明会を開くと学生はたくさん来ます。しかしながら、いざ面接すると自社の採用ターゲットになる人が少なかったりする、ということがよく起こります。特に、訪問先企業の業態に近い他企業の知見があるとそういう状況が良くわかります。御社でも同様な状況が起こっていないですか、とぶつけると「そうなんです」ということになります。であれば、例えば、「その会社や仕事の魅力だけを訴求するのではなく、その仕事の厳しい側面を求人広告上で訴求することで、本当に共感した学生だけを説明会に動員していきませんか？」とお客様の現状や抱えていらっしゃる課題感を仮説で発想して、お客様に投げかけていくと、自社の業界の事に詳しい、採用に詳しいなど、「できる営業である」と共感してもらえます。これは、「課題解決の魅力」すなわち、専門性から共感を生みだしていくというやり方です。

一方で「人的な魅力」で共通の知人の話や、共通の趣味、例えばお客様がゴルフ好きということであれば、その点を深掘って聞いていくわけです。

私が昔担当した不動産会社の役員の方はもともとゴルフがすごく好きな方で、私も以前からゴルフをやっていたので、ゴルフの話をしながら関係を作っていく。

とある会社だとそこいらにある傘を使ったりして、スイングの仕方を教えてもらったりして、１時間の商談のうちに50分くらいずっとゴルフの話ということもありました。で、最後の５分くらいで「次これなんですけれど」と、仕事の話しを受注していく。もちろん、過去に採用で成功した実績があることが前提にはなりますが、その人の「人的な魅力」で売っていくという方法があります。

相手が好きなことも仮説で投げかけながら、コミュニケーションしていき、共感の接点をさぐり、関係を作っていくというやり方です。結果として信頼されるということになります。

数多くのトップセールスマンを見ると、課題解決の魅力と人の魅力の両方を兼ねそなえている、もしくは自分がどちらに強みがあるのかを明確に意識しており、弱みのある方を必死に補っている人が多かったと思います。

ただ、いずれにせよ、まずは売る前に相手を共感させるということが大事であるということです。集客をしてブランディングをしながらリレーションを作る、つまり絆を作っていきます。絆ができた人に対して、何かしらの商品を販売していくことができれば、売れますよということです。

何が一番大事かというと、売ることではない。関係性をきちんと作った上で売っていきましょうということです。

Ｆａｃｅｂｏｏｋマーケティングで成果を上げるスタンスもリアルの営業と同じく、日々のコンテンツ投稿と交流によりファンと関係性を構築していくことが最も重要になります。

Ｆａｃｅｂｏｏｋページであれば、ウォールにコンテンツを投稿します。すると、ファンのニュースフィードにコンテンツが表示され、そのコンテンツに「いいね！」「シェア」「コメント」ボタンを利用して、ファンが反応をすると、ファンの友達に口コミが広がっていきます。特に、コンテンツが「シェア」されると、ファンの友達のニュースフィードに表示されるため、そのコンテンツに共感したファンの友達が、Ｆａｃｅｂｏｏｋページに来訪して、新たなファンになってくれたりもします。このウォール投稿とファンとの交流を

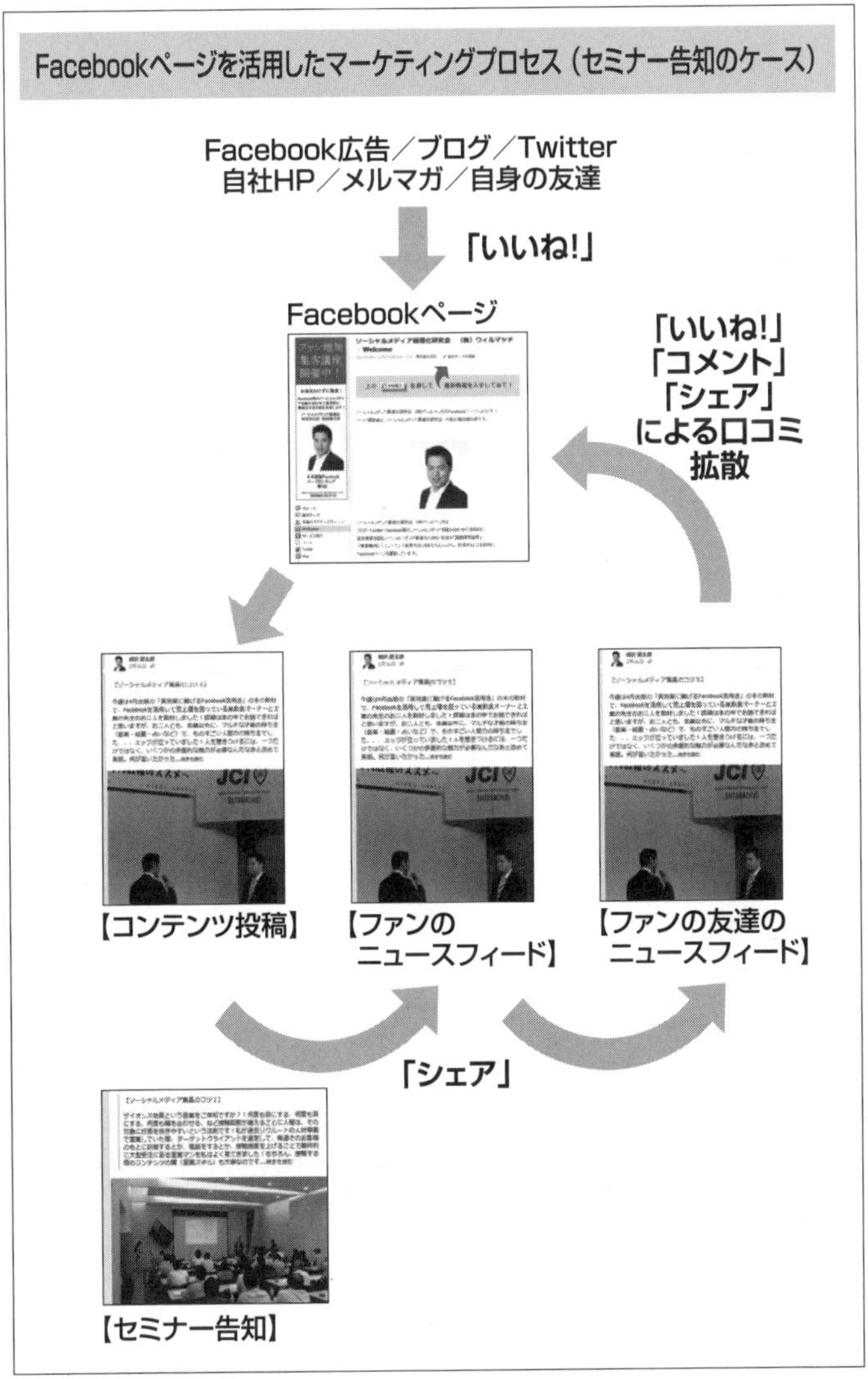
Facebookページを活用したマーケティングプロセス（セミナー告知のケース）
Facebook広告／ブログ／Twitter
自社HP／メルマガ／自身の友達
「いいね!」
Facebookページ
「いいね!」
「コメント」
「シェア」
による口コミ
拡散
【コンテンツ投稿】
【ファンの
ニュースフィード】
【ファンの友達の
ニュースフィード】
「シェア」
【セミナー告知】

繰り返し行うことで、Ｆａｃｅｂｏｏｋページとファンとの間に関係性を構築し、絆が発生してきます。そして、絆ができたファンが求めているであろう商品・サービスをしかるべきタイミングでお勧めしていくわけです。

特に個人のセルフブランディングの場合は、「課題解決」「人の魅力」の両方でコンテンツ投稿を行っていくことで、「この人は役に立つし、面白い」とファンの評判を獲得し、ファンを惹きつけていくことができます。

もちろんその場所に認知させるという努力をしないといけません。

「認知、共感」

この二つはとても大事なことです。

では、逆にうまくいかない営業はどうでしょう。

まずは、電話で新規の訪問予約をたくさんしていくわけです。例えば１００件電話をして３件アポイントがとれて、訪問した際に、こういう商品ができましたということを説明していくわけですがなかなか売れません。もちろん、数が勝負で認知、理解をどんどん増やしていけば、仮に共感する人も出てきたりすることもありますから、大事は大事ですが、それだけにこだわっていると低額の商品であれば売れるかもしれませんが、絆を作っていかなければ、大きな取引にはなかなか結びつかないのが実情です。

さらに、接触頻度ということも大事です。これはザイオンス効果といわれていますが、接触回数を増やすことで、親密度が高くなる効果のことを言います。

例えば一度に６時間一緒にいるよりも、30分の出会いを例えば毎週に渡って３ヶ月間行った方が親近感が湧くというものです。

定例ミーティングを事前に設定して月に１回あるいは２週間に１回は必ず来ますというように予定を先に入れておいて、接点を多くすることが大事です。

特に大口のお客さんなどは、それだけやっても費用対効果は十分にペイできます。

そこでお客様の現状ですとか、採用課題の把握を行うことができますし、課題があれば、他社の採用動向や、採用ノウハウに絡めて、商品やサービスをセールスしていくことができるわけです。

Ｆａｃｅｂｏｏｋマーケティングも同様に、毎日1回コンテンツを投稿するなど、一定の頻度で運用し続けていくことが、絆づくりの観点で重要だと思います。日々接触頻度を上げていくことで、ファンとの親密度が高くなり、ファンの方がいざ購入のタイミングで声がかかりやすくなりますし、サービスの告知投稿をしたとしても、日ごろの関係性ができているので、悪い印象を抱かれるリスクは低くなります。


できない営業はというと、普段は接触しないで、新商品や販促キャンペーンのタイミングだけ、顧客に商品紹介をするということに力を注いでおり、なかなか売上が上がらないということになりがちです。

これは、Ｆａｃｅｂｏｏｋで考えると、商品告知ばかりを行っていることと同義になりますので、うまくいくはずがありませんね。

また、新規顧客の獲得コストは、既存顧客から同様の売上を上げるコストの5倍かかるといわれています。常に新規顧客だけやっていたら商売にならない。ですので、既存顧客からリピート受注をいただくことで、初めてビジネスとしては大きくなっていくと言われています。

リアルな営業の話をすると、実際に担当した顧客の採用が成功すると信頼感が醸成され、採用予算の多くを任せていただけるようになりますし、大手企業のケースですと、他事業部や関連会社の方をお客様の方からご紹介いただけるという好循環を導くことができます。

Ｆａｃｅｂｏｏｋに応用するとどうなるかという話で、私のケースでいいますと、Ｆａｃｅｂｏｏｋで私のページを知り、セミナーに参加したお客様がその内容にご満足されると、コンサルティングのフェーズに入っていくケースもありますし、日ごろＦａｃｅｂｏｏｋに投稿するコンテンツをお客様が周りの友達にシェアしていただけることも多くなってきます。

第4章　ブランディングされるコンテンツ投稿

私が、日々コンサルティングをさせていただくなかで、どんなコンテンツを提供していくとブランディングにつながるのか、というところで皆さん悩まれているケースが多いので、本章では、それについて少し述べさせていただきたいと思います。

ブランディングとは、認知度、好意度、想起率を高めること

ブランディングを測る指標というのは、主に認知度・好意度・想起率の三つがあげられます。キャラクターやブランド自体の認知度が高く、人気があり、いざ何か買おうかなあというタイミングで連想してもらえれば売上につながっていくというわけです。ブランディングができていれば、顧客は何かを購入する際、「あの会社で買おう」というように、新規購入やリピート購入に結びついていきます。

ネットで商品選定をしようと検索している消費者というのは、さまざまな点を比較検討しているので、価格が安くないと買わないなど、購入につなげるのが結構大変な層です。

しかし、検討する前の状態からリレーションを構築していれば、競合を視野に入れずに選ばれる確率が上がります。

冒頭でご説明したゲイリーさんの事例でいいますと、「ワイン」「販売」等というキーワードで検索すると、数多くのワイン通販サイトが表示されます。そこで、選ばれるには、資本力のある知名度の高い通販サイトや激安通販サイトなど、商品サービスにかなりの優位性がないと選ばれにくいと思います。そこでゲイリーさんは、日々ワインファンに動画コンテンツを提供し、交流を重ねることで、ユーザーの認知度・好意度・想起率を高め、いざワイン購入というタイミングで、選ばれることに成功しています。

検索をして買う層を対象とした場合、かなりの実績がある、もしくは価格が安いという商品・サービスの優位性がないと難しいことが多いと思いますが、大手企業、中小問わず購入の際に想起をしてもらうには、どういうブランディングをするかが重要になってきます。そのためには、おもしろい、役に立つコンテンツなどを提供していきながらユーザーと接触回数を増やして絆を作っていくことが基本です。

ユーザーが何かを検討する時のマインドシェアを上げていれば、価格競争に巻き込まれず、他社に目がいきづらくなり、結果として自社が選ばれるという状態が作れるようになると思います。

メディアを運営している意識が重要

そして、次にコンテンツの提供について触れていきますが、大切なことはメディアを運営しているという意識、心構えを持つことです。

よくＦａｃｅｂｏｏｋの個人ページで「どこどこに飲みに行きました」とか、「友達とランチしてます」といったコンテンツばかりを載せられる方がいらっしゃるんですが、芸能人のブログならいざ知らず、ビジネスにＦａｃｅｂｏｏｋを活用しようという場合は避けるべきです。

Ｆａｃｅｂｏｏｋは〝メディア〟だと思ってください。つまり、テレビ番組とか、雑誌、ニュースサイトと同じということです。番組を運営しているという意識を持つということが大事なのです。ＣＭばかりのＴＶ番組というのは誰にも見られないように、商品告知ばかりのコンテンツ投稿ではファンを惹きつけ続けることは難しいと思います。あなたのことを初めて知る方に役に立たない情報は、まずは控えることです。あくまで役に立つ情報、あるいは楽しい情報を提供していきましょう。

コンテンツには、〝おもしろさ〟や〝役に立つ〟が不可欠

さて、人気のあるコンテンツは何かと考えてみると、やはり〝おもしろさ〟というものがポイントとなると思います。テレビを例にとると、たとえば「行列のできる法律相談所」という番組がありますが、あの番組は、司会者の方が、出演者をいじったりしながら、エンターテイメント（娯楽）の要素に、法律番組という役に立つ内容を絡めた番組を構成しており、人気がある番組だと思います。あの番組が法律の事例を取り上げるだけだったとしたら、おもしろくないのではないでしょうか。「役に立つ」という要素はあっても、そこに「おもしろさ」がなければ、あれだけの人気は獲得できなかったと思います。Ｆａｃｅｂｏｏｋについても同様で、「おもしろさ」や「役に立つ」という要素がコンテンツを

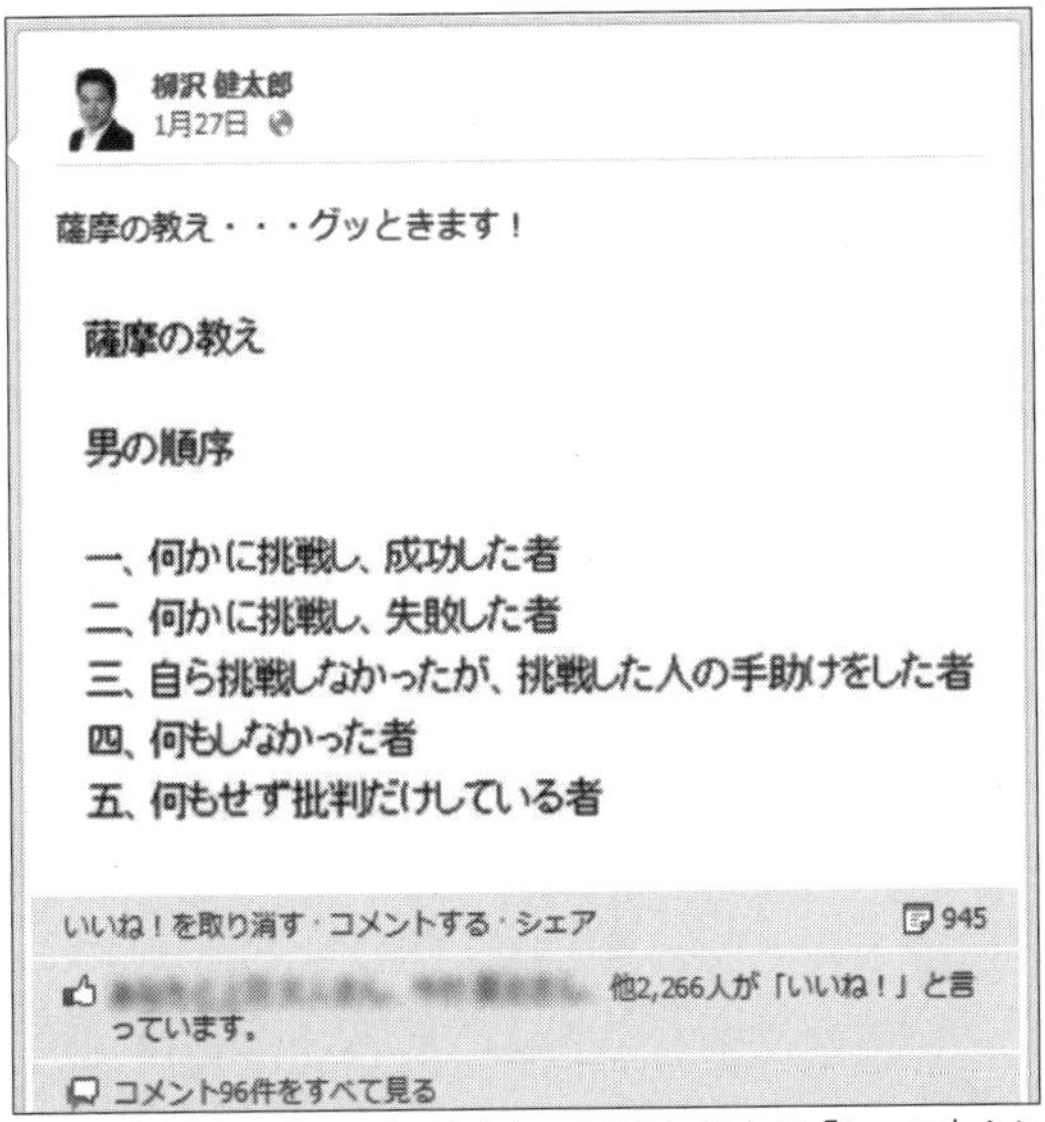

2200人以上に「いいね！」され、900人以上に「シェア」された「薩摩の教え」

提供する上で必要になってきます。

また、パーソナルブランディングで活用する場合は、「おもしろさ」への対応として「人の魅力」を訴求し、「役に立つ」への対応として「課題解決の魅力」を証明するためのコンテンツ提供が不可欠になります。この後の事例紹介の章で、具体的なコンテンツ投稿の実例についても触れていきますが、ここで一つ触れさせていただきますと写真を絡めた投稿は非常に効果的だと思います。第一章で私が投稿した「薩摩の教え」というコンテンツが２２６６人に「いいね！」され、９４５人に「シェア」されている話を共有させていただきましたが、写真というビジュアルで表現することで、物事をシンプルに伝えやすく、その上、目に付きやすくなりますので、数多くの人に反応してもらうことができます。

コンテンツ投稿は全ての人に届くわけではない

ただし、誤解を生まないように注意しなければならないことは、Ｆａｃｅｂｏｏｋでファンを数万人獲得すれば、それですべての問題が解決するのではないかと思う方もいらっしゃるかもしれませんが、決してそんなことはありません。Ｆａｃｅｂｏｏｋにもいい点、悪い点があります。もちろん口コミの仕掛けというのはすばらしい効果を発揮しますが、コンテンツを投稿しても全ての人が見てくれるわけではないのです。

Ｆａｃｅｂｏｏｋでエッジランクという仕掛けがあり、ユーザーへのコンテンツ表示を制御しています。具体的に、ユーザーのニュースフィードは、「ハイライト」「最新情報」

ニュースフィードの仕組み

ハイライト

ユーザーにとって重要な情報だけが、スクリーニングされて流れる。

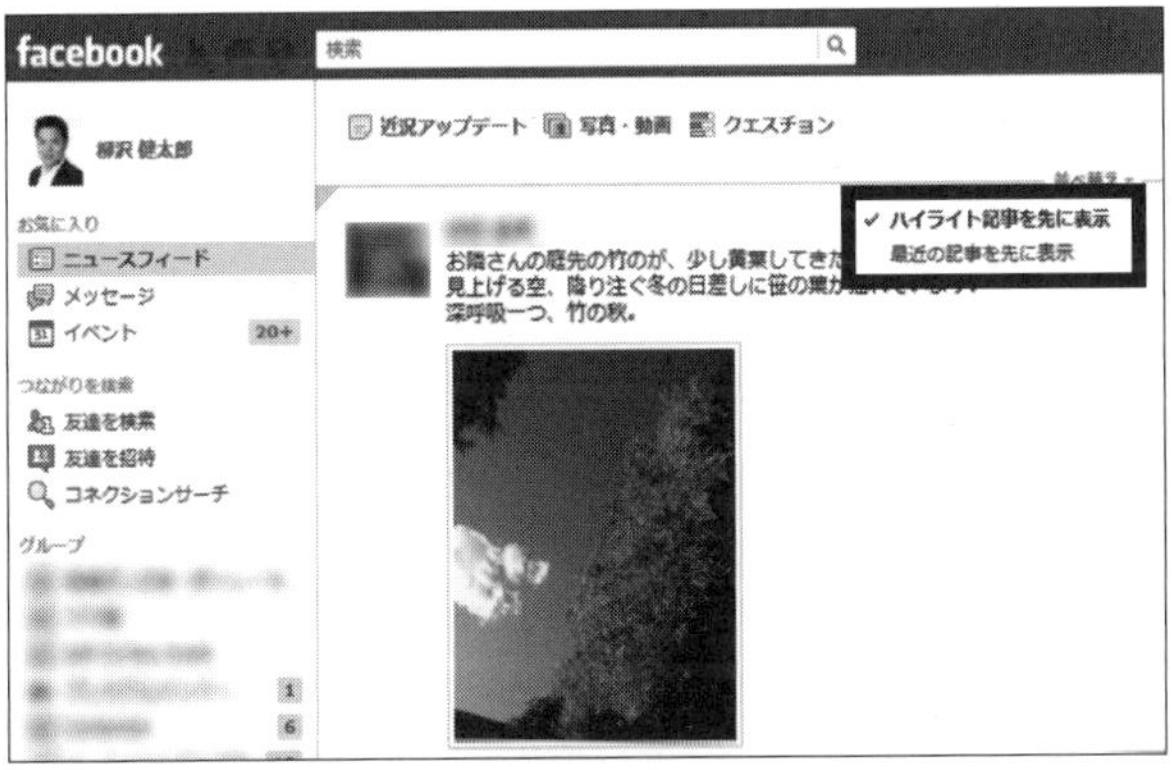

最新情報

時系列で全ての情報が流れる。
※友達の○○さんと○○さんが友達になりました等

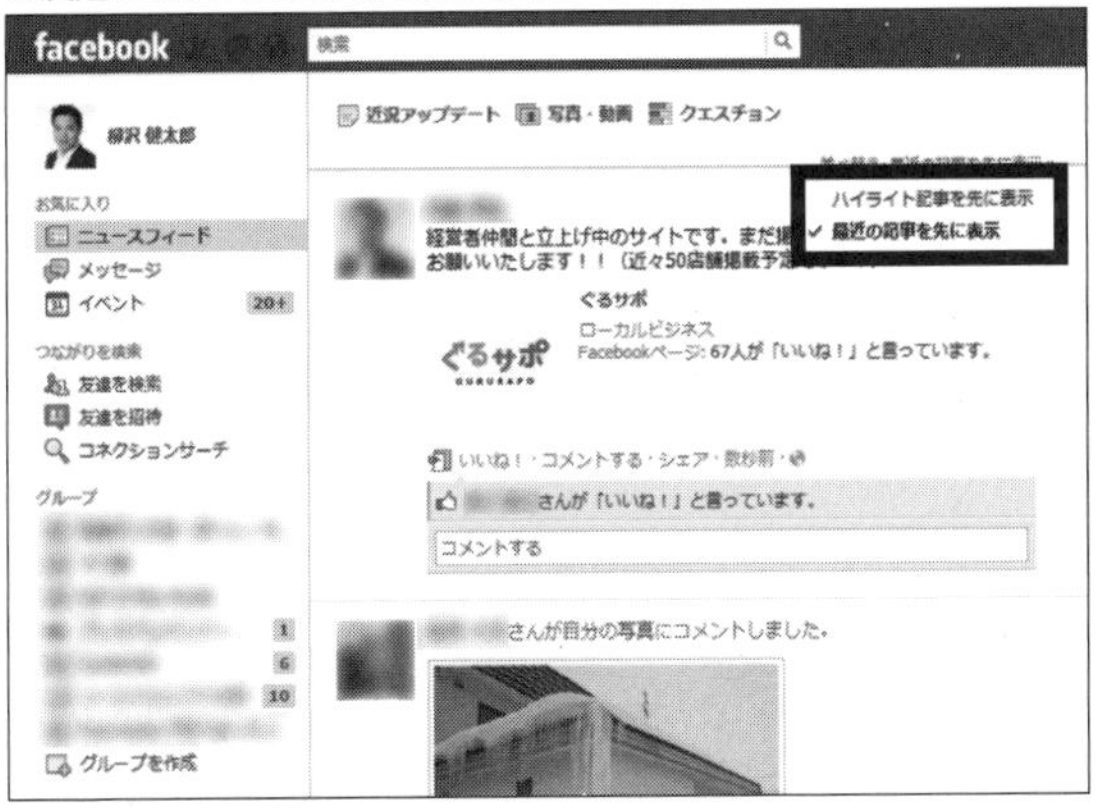

という2種類の表示仕様になっており、通常「ハイライト」が初期表示されるようになっています。最新情報は、友達や「いいね！」を押しているＦａｃｅｂｏｏｋページの全てのコンテンツが時系列に表示されますが、「友達が○人と友達になりました」など、自分にとってあまり関係ない情報なども表示されるため、通常ユーザーはハイライトしか見ていないことが多いです。

このハイライトの表示について、Ｆａｃｅｂｏｏｋが独自のロジックを用いて、表示制御を行っているのですが、分かりやすくいいますと、コンテンツを投稿したとしても、投稿に対して、「いいね！」を押してくれたり、「コメント」や「シェア」といった反応を定期的にしてくれる方でないと、コンテンツがなかなか表示されなかったりします。例えば、5ヶ月前にＦａｃｅｂｏｏｋページに「いいね！」を押した後、一度も反応をしていないファンには投稿自体が表示されなくなったりということが起こります。すなわち、価値のあるコンテンツ投稿を継続していけば、数多くのファンにリーチをして、コンテンツを周りに広げていくことはできるものの、コンテンツを確実に届けるという点ではハードルがあるのです。

このように、届いたり届かなかったりとデメリットはあるものの、自分が直接知らない多くの潜在層に、かなりの規模でリーチできるというところはＦａｃｅｂｏｏｋを活用するメリットだと思います。

フリー・フロントエンド・バックエンドを意識する

非常に大事なことですが、フリーでコンテンツを提供する際に、最終的にはバックエンドに導くためのフリーを提供すべきであるということです。本来売りたいものとは無関係な商品、無関係なコンテンツを投稿してもまったく意味がないのです。

私のケースですと、最終的にソーシャルメディアのコンサルティングをバックエンドに置くことになるので、ソーシャルメディアの活用の仕方とか、集客の基本的な方法や事例などのコンテンツを一部無料で提供していくというやり方になります。したがって、ご自身の業務の中で、フリーとフロントエンド、バックエンドということを定義して、最終的にバックエンドに導くためのフリーは何かということを、提供するコンテンツのバランスを含めて考えていくのがいいと思います。

第5章　Ｆａｃｅｂｏｏｋ活用の成功事例紹介

本章では、Ｆａｃｅｂｏｏｋを使って企業や個人をブランディングしていくのにはどのような方法があるのか、業種・業態や企業規模、さらには、Ｆａｃｅｂｏｏｋの利用目的も異なる四つ事例を考察し、「Ｆａｃｅｂｏｏｋで成果を生み出すメカニズム」を述べていきたいと思います。

【本章で紹介する事例】

1. 商談数ＵＰ事例
Ｆａｃｅｂｏｏｋを起点に、全体の30％の申込を獲得した弁護士の事例

2. リピート率ＵＰ事例
Ｆａｃｅｂｏｏｋを起点に、リピーターを育成し、売上30％増を図った飲食店オーナーの事例

3．想起率UP事例

Ｆａｃｅｂｏｏｋを起点に、店舗来店時の想起率UPを図り、販売増につなげた大手食品メーカーの事例

4．店舗来店数UP事例

Ｆａｃｅｂｏｏｋを起点に、6日間で20万人以上の店舗来店につなげた大手小売業の事例

1．弁護士の事例——巣鴨の弁護士　心のとげを抜く！

巣鴨の弁護士・小野智彦さんは、申込の30％がＦａｃｅｂｏｏｋを起点に発生

小野智彦さんは、巣鴨の事務所でお仕事をされている、弁護士さんです。

私は小野さんのことをＦａｃｅｂｏｏｋページ「巣鴨の弁護士　心のとげを抜く！」(http://www.facebook.com/lawyerono)で知りました。その似顔絵の雰囲気や、「いいね！」

を押してくれた人への30分無料法律相談などさまざまな工夫があり、とても興味を持っていました。

小野さんは、元々インターネットで弁護士事務所のホームページ展開を早くから導入されていました。当初は、まだ他がやっていなかったこともあり、自社ホームページによる新規引合いを数多く発生させることができました。

しかし、次第にだれもがホームページを活用するようになると、自社ホームページにＳＥＯをかけていかないと、流入が難しくなるというような状況が生まれ、さらに、同業者も同じような打ち手を使い始めたため、新規集客において次の一手を模索していました。

巣鴨の弁護士　小野智彦さん

元々、弁護士の仕事は、定期顧客のリピート商談という色合いは薄く、常に一定の新規見込み客を開拓し続けていかない

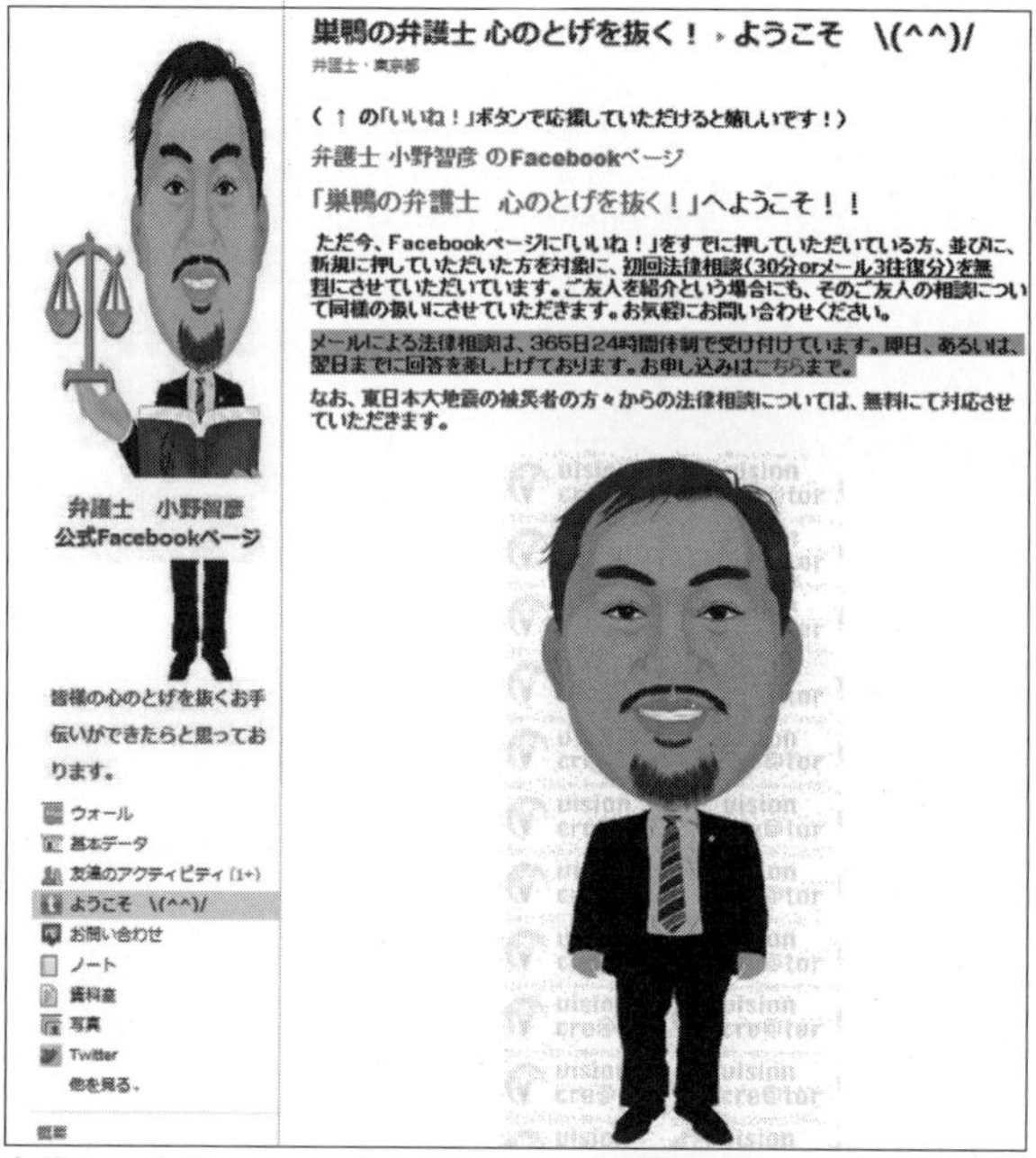

弁護士の事例：巣鴨の弁護士 心のとげを抜く！（facebookページ）
http://www.facebook.com/lawyerono

と成立しないビジネスであり、こういった集客課題解決の一助として、ソーシャルメディアを活用した集客施策をしていこうというのが、Ｆａｃｅｂｏｏｋ導入のきっかけになっています。

さまざまな研究、工夫をこらした結果、現在は新規申込の30％がＦａｃｅｂｏｏｋを起点にして生み出されています。また、定期更新しているブログから効果的に自社ホームページにアクセスを送り、問合せに繋げていることもあり、Ｆａｃｅｂｏｏｋ、ブログといったソーシャルメディアから、50％以上の新規申込を獲得するという実績を上げています。

小野さんがＦａｃｅｂｏｏｋで実施されていること、心がけていらっしゃること、工夫したこととは、どんなことでしょうか。実際にお会いして、取材をさせていただくことができましたので、ご紹介したいと思います。

Ｆａｃｅｂｏｏｋを通じて自分はどういう人間かを伝えていく工夫

小野さんにはメールで取材のお願いをして、お会いするのは初めてでしたが、フレンドリーで紳士的、かつとても楽しい方です。さまざまな楽器演奏やマジック、手相占いまでなさる、まさにマルチタレント並みの方で、私も手相を見ていただきました。「30代半ばで成功する」と言っていただきましたので、当たるかどうかは何年後かのお楽しみにしたいと思います。

弁護士のビジネスモデルは、突発的に案件が発生するケースが多いのですが、小野さんに聞くと大きく二つの経路で相談が入るということでした。

手相を見ていただきました！

口からトランプ出現のマジックを披露いただきました！

一つ目は、小野さんと過去リアル接点のない方から、相談という形で問合せが発生。

二つ目は、小野さんと過去リアル接点のあるお友達から、相談という形で問合せが発生。

まず、一つ目のアプローチについて詳しくご紹介していきたいと思います。

小野さんと過去リアルで接点のない方に対しては、自社ホームページやブログ等にＳＥＯ対策を施していたり、Ｆａｃｅｂｏｏｋページのファンと交流するという形で接触していますが、小野さんのページでは、次のような役に立つ情報が得られます。

①Ｆａｃｅｂｏｏｋページで、30分無料法律相談の受付↓敷居を下げる

法律相談をするのは、ちょっと敷居が高いという方でも、「いいね！」を押すと、30分無料で相談を受けられるという特典があります。最初の頃は、月数件しかなかったのが、今では月10件以上の引き合いが発生しています。無料法律相談で、直接お会いして、お話をするうちに小野さんの人柄に触れ、依頼につながることも多くあります。

②ブログ、Ｆａｃｅｂｏｏｋで過去の判例を元にまとめを行い↓課題解決力を訴求

見込み顧客が、法律に関して様々なキーワードで検索を行った際に、小野さんのブログ記事がヒットし、そこから自社ホームページに来てもらえるようにしていますが、ブログコンテンツについては、Ｆａｃｅｂｏｏｋページに様々な投稿を投げかけてみて、反応が良かったものを、ブログにて読み物風にまとめています。

弁護士の依頼を最初にお願いする時には、実績や信頼感がなによりの決め手となります。過去の判例などを情報開示することにより、相手に安心感を持ってもらう効果があります。

③Ｆａｃｅｂｏｏｋページでファンとの温かい交流↓親しみやすい人柄（人の魅力）を訴求

Ｆａｃｅｂｏｏｋページでは、一人一人のコメントに温かく紳士的に丁寧な対応をしています。

新規で弁護士を探そうとされている方にとって、弁護士と話をするのは、怖いという印象をもたれるケースが多く、ファンと温かく紳士的に対応されている様を見ることで、新規問い合わせへのハードルを下げる効果があります。

そして、法律相談で実際に「リアルで交流した」後には、Ｆａｃｅｂｏｏｋ個人ページでお友達になり、交友関係を深めていらっしゃいます。

まとめると、Ｆａｃｅｂｏｏｋやブログ等のインターネット上で獲得した評判を起点に、

弁護士の事例：巣鴨の弁護士 心のとげを抜く！（facebookページ）

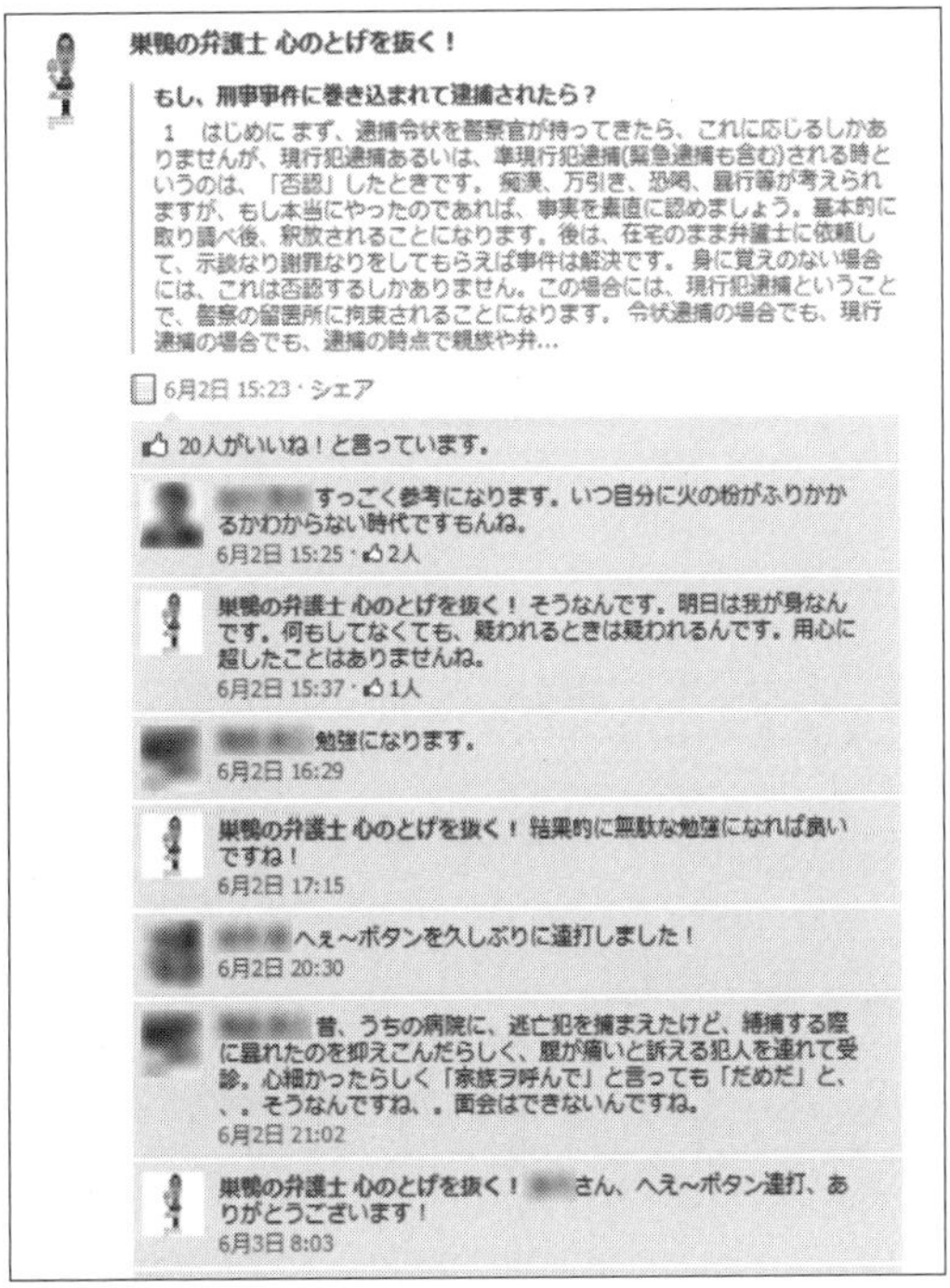
巣鴨の弁護士 心のとげを抜く！
もし、刑事事件に巻き込まれて逮捕されたら？
1　はじめに まず、逮捕令状を警察官が持ってきたら、これに応じるしかありませんが、現行犯逮捕あるいは、準現行犯逮捕(緊急逮捕も含む)される時というのは、「否認」したときです。痴漢、万引き、恐喝、暴行等が考えられますが、もし本当にやったのであれば、事実を素直に認めましょう。基本的に取り調べ後、釈放されることになります。後は、在宅のまま弁護士に依頼して、示談なり謝罪なりをしてもらえば事件は解決です。身に覚えのない場合には、これは否認するしかありません。この場合には、現行犯逮捕ということで、警察の留置所に拘束されることになります。令状逮捕の場合でも、現行逮捕の場合でも、逮捕の時点で親族や弁…
6月2日 15:23・シェア
20人がいいね！と言っています。
すっごく参考になります。いつ自分に火の粉がふりかかるかわからない時代ですもんね。
6月2日 15:25・2人
巣鴨の弁護士 心のとげを抜く！ そうなんです。明日は我が身なんです。何もしてなくても、疑われるときは疑われるんです。用心に越したことはありませんね。
6月2日 15:37・1人
勉強になります。
6月2日 16:29
巣鴨の弁護士 心のとげを抜く！ 結果的に無駄な勉強になれば良いですね！
6月2日 17:15
へぇ～ボタンを久しぶりに連打しました！
6月2日 20:30
昔、うちの病院に、逃亡犯を捕まえたけど、捕捕する際に暴れたのを抑えこんだらしく、腰が痛いと訴える犯人を連れて受診。心細かったらしく「家族ヲ呼んで」と言っても「だめだ」と、、。そうなんですね、。面会はできないんですね。
6月2日 21:02
巣鴨の弁護士 心のとげを抜く！ さん、へえ～ボタン連打、ありがとうございます！
6月3日 8:03

http://www.facebook.com/lawyerono

ユーザーが喜ぶお役立ちコンテンツの継続的な提供

➡ **法律に関するお役立ちコンテンツの更新**

ユーザーとのコメントのやりとり

➡ **1件1件のコメントに丁寧に返信をされており、人柄の良さが見える。**

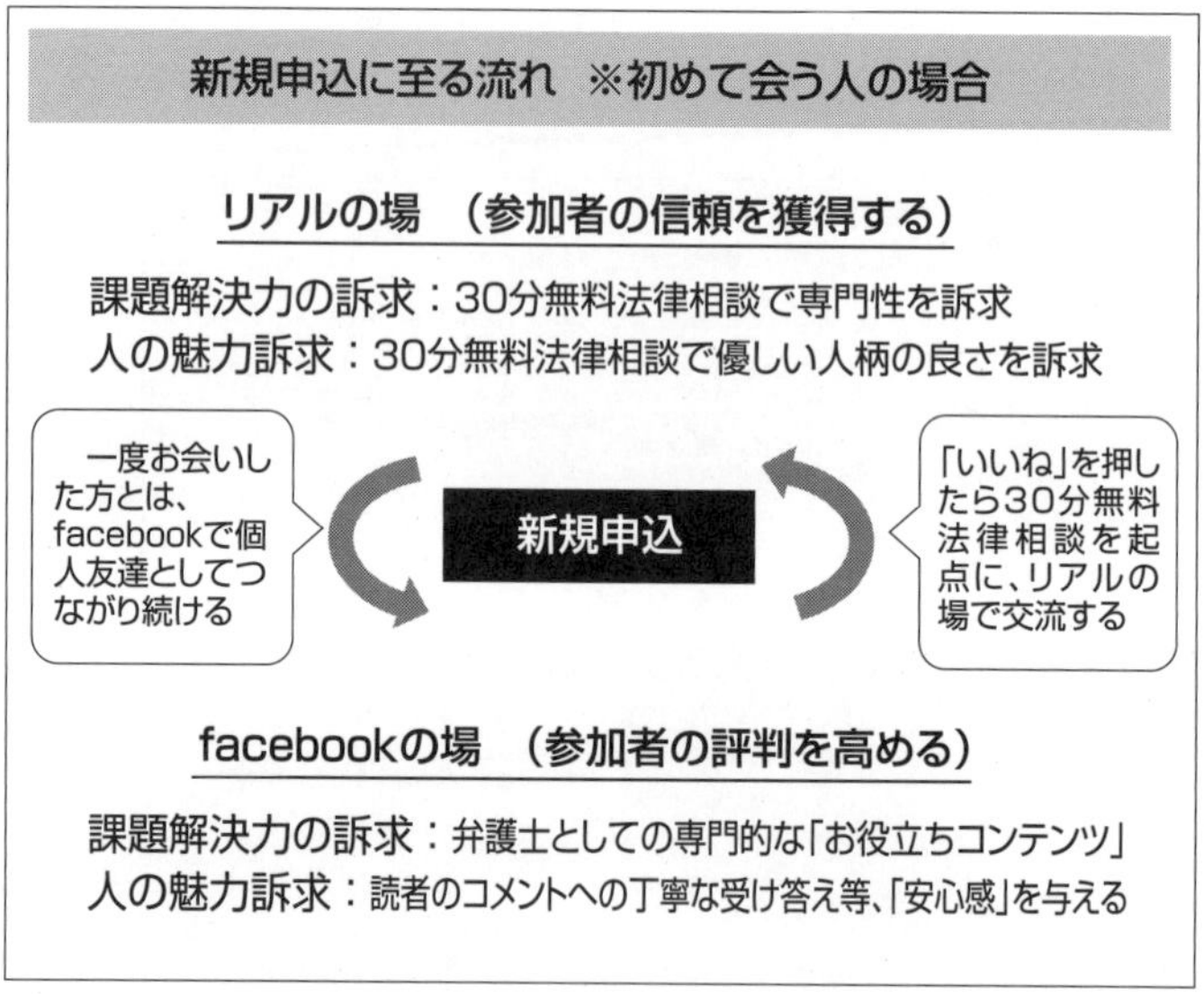
新規申込に至る流れ　※初めて会う人の場合
リアルの場　（参加者の信頼を獲得する）
課題解決力の訴求：30分無料法律相談で専門性を訴求
人の魅力訴求：30分無料法律相談で優しい人柄の良さを訴求
一度お会いした方とは、facebookで個人友達としてつながり続ける
新規申込
「いいね」を押したら30分無料法律相談を起点に、リアルの場で交流する
facebookの場　（参加者の評判を高める）
課題解決力の訴求：弁護士としての専門的な「お役立ちコンテンツ」
人の魅力訴求：読者のコメントへの丁寧な受け答え等、「安心感」を与える

30分無料法律相談につなげ、法律相談というリアルの場の交流を重ね、小野さんの課題解決力や人柄を体感し、安心感や信頼感を醸成し、申込に繋げていらっしゃいます。

リアル人脈を増やし、Facebookで定期的に接触する

一つ目の過去リアルで接点のない方へのアプローチの場合、それでも、数多くの他者と比較、検討されるケースが多いため、二つ目として、リアル接点のある友達を増やし、つながり続けるために、オフ会を定期開催

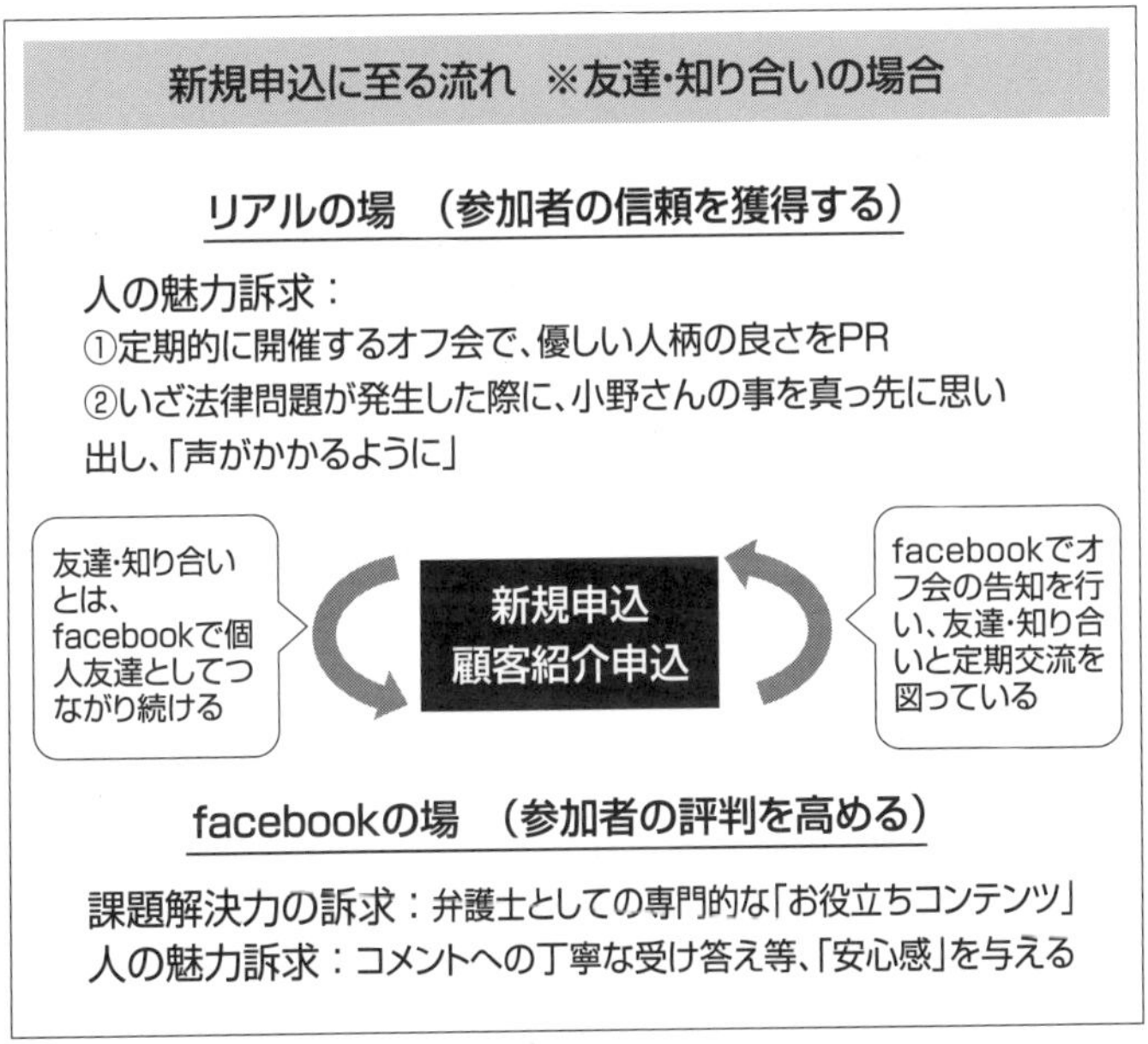
新規申込に至る流れ　※友達・知り合いの場合
リアルの場　（参加者の信頼を獲得する）
人の魅力訴求：
①定期的に開催するオフ会で、優しい人柄の良さをPR
②いざ法律問題が発生した際に、小野さんの事を真っ先に思い出し、「声がかかるように」
友達・知り合いとは、facebookで個人友達としてつながり続ける
新規申込
顧客紹介申込
facebookでオフ会の告知を行い、友達・知り合いと定期交流を図っている
facebookの場　（参加者の評判を高める）
課題解決力の訴求：弁護士としての専門的な「お役立ちコンテンツ」
人の魅力訴求：コメントへの丁寧な受け答え等、「安心感」を与える

されていらっしゃいます。

オフ会は、ポップスミュージシャン、三味線奏者、落語家などに集まってもらって、ショー形式で開催しています。小野さん自身も非常に多才で、マジック、手相占いをする他、演奏者（フルート／尺八／クラシックギター／トロンボーン／オカリナ）としても参加しています。

このような活動を通して、法律問題で困ったときに第一想起してもらう存在として、キャラクターの確立を心がけています。

参加案内は、同業者以外にも、友達の経営者や別の運営者のオフ会で知り合った方、Ｆａｃｅｂｏｏｋページで知り合った方、Ｆａｃｅｂｏｏｋ個人ページのお友達に対して行っています。

オフ会に来られた方とは、Ｆａｃｅｂｏｏｋ個人ページでお友達になり、常日頃から役に立つ「法律のまめ知識の提供」や自分の人間性を伝え、何か法律問題が起こった時に、真っ先に「お声がかかる」友達のような存在になりたいというのが小野さんのお考えです。

小野さんは、「友達としてつながり続けていけば、困ったときに頼ってくれる人が多く、過去のお客様からの紹介という形でお声かけいただけることも多い」と言っています。

さまざまなリアルな出会いで知り合った方とＦａｃｅｂｏｏｋでつながり続けることで、いざ、というタイミングで「お声がかかる」状態を構築しているわけです。

こういったリアル人脈からの問合せや紹介は全体の40％を占めるまでとなっています。

このように、小野さんは「リアルの場」で醸成さる信頼と、「Ｆａｃｅｂｏｏｋの場」で獲得する評判を絡めながら、交友関係を広げ、ビジネスにつなげていらっしゃいます。

2. 飲食店オーナーの事例——変幻自在

Facebookグループでリピーターを獲得し、売上30％アップ

変幻自在というお店は、外食系のFacebook活用に詳しい友人から、「Facebookグループを活用してリピーター獲得している飲食店がある」という噂を聞き、オーナーの湯川史樹さんとつながりました。今回は取材で初めてお店に訪問しました。東京都港区芝公園のあまり目立たない場所にあるために、集客には工夫が必要ですが、Facebookグループを上手に使いお客さんとの交流を図り、リピーターを獲得することで、売上30％アップを達成されています。

変幻自在 オーナー　湯川史樹さん

立地のデメリットを交流でカバー

湯川さんの経営する飲食店『変幻自在』は東京都港区芝公園の大門駅に面した大通りから路地を入って30メートルのところにあり、決して立地が良いとは言えない場所です。

深夜まで営業していることもあり、飲み会の2次会でフラッと入ってくるお客様やランチで知ったというお客様もいますが、飲食業では、経営基盤を安定させる意味でも、熱心な既存顧客のリピート来店が肝であり、リピーターの育成ツールとして、湯川さんは2011年4月からFacebookグループを活用し始めました。利用を始めてからは、月あたり15日以上来てくれる人が0から2名に、また5日以上では0から15名にまでなっています。売上は30%アップしています。

現在、Facebookグループメンバー数200名前後で、そのうち50名はコアな常連客となっています。このコミュニティーを通して、高頻度で来店する常連顧客が育っているということが言えます。また、『変幻自在』のグループは一般に非公開の設定で運営しており、グループメンバーだけしかコンテンツを閲覧できない親密度の高い空間で、日々交流がなされています。

リアルとネットの融合

湯川さんは、『変幻自在』で日々繰り広げられるイベントの中で、「面白いと思ったもの」をいつもＦａｃｅｂｏｏｋグループにどんどんアップしています。すると、その内容に共感したお客様が、定期的に訪れてくれるようになりました。

リアルの場とＦａｃｅｂｏｏｋグループというネットとの境目がなく、グループでコメントのやりとりをしたお客様が、次の日に来店されるケースもあり、『変幻自在』というお店に親しみと愛着を感じるリピーターを数多く獲得しています。

日々リアルの場とＦａｃｅｂｏｏｋグループでの情報のやりとりによって、交流がさかんに行われるようになっているというわけです。

湯川さんは、「立地が悪くてもＦａｃｅｂｏｏｋを使えば、いけます！」と語ってくれました。

店の魅力作りが基本

とはいえ、Ｆａｃｅｂｏｏｋでお客さんを呼びこむといっても、基本は店の魅力があってこそのことです。これほどの来客頻度をもたらした『変幻自在』の魅力とはどういうものなのかをさぐってみたいと思います。

まず、大きな柱としては、オーナーの湯川さんのキャラクターがあります。

湯川さんは、かつてソニーで海外法人のマーケティングに長年かかわっており、ビジネスセンスが抜群ということがあります。さらに、もともと、いろいろなことに才能があり、飲食店マスターの顔以外にソムリエ、作家（タイトル『命のしずく』／湯川さんの半生を綴った小説）、画家（店内に絵画展覧）、陶芸家、ミュージシャン（オープン時間中に、ギターの弾き語り）、語学堪能（５カ国語を操る）など、マルチなタレントをベースに、店舗で定期的にイベントを開催しています。

その例を挙げると、

○築地大感謝祭（築地６品の素材を活用したオリジナル料理）
○ブルガリアンナイト（ブルガリアのワインを嗜む）
○英会話＆ワインテーブル（英会話とワインイベント・基本週１回、ネイティブスピーカーをお招きして開催）
○本格珈琲と音楽の調べ（珈琲のイロハとオリジナル曲を嗜むイベント）
○コースターキャンペーン（お客様に合わせた特製コースターを制作して、プレゼント）
など、どの回も工夫を凝らした魅力的な内容のものです。

湯川さんは、お客様を楽しませ続けるアイディアを発信する生粋のエンターテイナーで、変幻自在という名の通り、毎回の来店に変化や驚きを醸し出す店舗運営を行っているわけです。

さらに、女性スタッフを中心に、毎日変わる15名のお手伝いさんという仕組みを構築して、日々の来店に刺激を与えています。（日替わりのお手伝いさんは15名で、うち14名が女性）

湯川さん自作の『変幻自在』の看板

日替わりお手伝いさん

湯川さん曰く個性の爆発という彼女たちは、日替わりで接客にあたります。小悪魔的な学生さんや海外経験の長い才女までいて、まるで湯川さんは芸能事務所社長のようにマネージメントをしています。営業日の16時~17時半の開店前に、「本日のお手伝いさん」の紹介テキストと写真画像が、Ｆａｃｅｂｏｏｋグループに UP されます。それぞれタレントさんように、お客さんのファンもついています。

料理はというと、定番メニューはビーフシチューの1品のみ。それ以外は季節に合わせた即興料理を日替わりで振る

コースターキャンペーンで制作した特製コースター

舞っています。

さらにこのお店を面白くしているのが、さまざまな職業のお客さんたち。医者、弁護士、書道家、経営者など、個性的なお客様が集まることで、お店の魅力をさらにアップしてくれています。

Ｆａｃｅｂｏｏｋグループで何を発信するか

日替わりお手伝いさんや、イベントスケジュール、実際のイベントの様子の他に、新しいワインや、新作料理がこまめにＦａｃｅｂｏｏｋグループにアップされ、メンバーは、また店に行きたくなるような気分が盛り上がります。また、湯川さんがお客さんに合わせて作ったコースターをアップしたところ、私も欲しいと言って来店につながることもありました。

また、グループ運営の心構えとしては、「お客様とお友達を区別しない」で、グループは、ファミリーであるという思いで接しています。さらに、お客さんとゴルフ打ちっぱなしや焼肉屋などにも行ったり、一緒に音楽イベントを開催したりもしています。

根底に湯川さん自身が、面白い、楽しいと思うことを実行し、そのことによって、お客さんを十二分に楽しませたい！というエンターテイメントの心を持っているのです。

成果につなげるコミュニティマネジメント

グループスタートのタイミングでは、前職の先輩やもともとのお友達など、人間のつながりとしても密度の濃い50名でスタートしています。

そうすることで、投稿に対して、最初から盛り上がる用意はできていました。

過去にはｍｉｘｉのコミュニティーを活用して同様なことをやっていたこともありますが、匿名でのやり取りなので、リアルの誰がコメントしているか分からず、場が盛り上がらないままで終わってしまっていました。

Ｆａｃｅｂｏｏｋの場合は、実名のため、誰がコメントしているかが分かるので、投稿に対する反応も出やすく、盛り上がる状態が醸成され、コミュニティーが形成されやすいということが言えます。

ここで、リアルで湯川さんと交流したり、日々Ｆａｃｅｂｏｏｋグループでその魅力を発信し続けることで、湯川さんに共感したお客さんが、自分の友達の中から、湯川さんに音楽や食などの感性があいそうな人を勝手に連れてきてくれるようになっています。

そして、リアル交流を何度か行う中で、湯川さんは仲良くなったお客様とＦａｃｅｂｏｏｋ個人ページで友達になり、グループに招待しています。ここで肝心なのは、だれでも招待しているわけではなく、湯川さんが、このグループのメンバーとしてさまざまなことを共有できる感性の人に声かけをしているということです。そのことで、盛り上がっているグループの幅がさらに広がっていくという効果がもたらされています。

店を通じて文化的な貢献を

「もともと飲食の素人だからこそ、いろいろなことを自由にしかけていきたい」と湯川さんは語っています。この店を通じて文化、教育的な貢献をしながらも、ビジネスとして成り立てるようにしようと考えています。

その思いを伝えるのに、Ｆａｃｅｂｏｏｋは最適なメディアだと言えます。一般に開かれているＦａｃｅｂｏｏｋページ（http://www.facebook.com/hengenjizai）で店の情報をアップしながらも、気の合った仲間しか入ることのできないグループを作ることで、ファミリーのような仲間意識を醸成していくことに成功しています。このグループを育てることによって、さらにこの店で文化的なイベントなどが開催されていき、そこに人が集まるという循環を生み出しているという、とても興味深い事例だと思います。

3．食品メーカーの事例――伊藤ハム

キャラクターがファンと交流して、想起率UP

これまで中小企業系の話をしましたが、大手でいうと、伊藤ハムのFacebookページ（http://www.facebook.com/itoham）は、ハム係長というキャラクターを設定して、ブランドに人格を持たせて交流しているというのが特徴的です。

手法としては、ユーザーが楽しめる娯楽系のコンテンツと喜んでもらえるお役立ちコンテンツを提供していきながらファンと関係性を構築し、絆をつくっていくという事例です。

例えば季節ごとに、「6月で時雨空の日も多いですがどことなく夏の気配も近づいて来ています」とかちょっと季節の話を入れたり、「こういう暑い日には野菜たっぷりのトルティーアはいかがでしょうか」など、伊藤ハムのハムやウインナーなどの商品を活用した季節に合わせた料理とレシピ等を紹介しています。一つ投稿すると200～300のいいね！を押されるほどの反響がありますし、ページのファンは19000人以上もいます。

大手食品メーカーの事例：伊藤ハム（facebookページ）

http://www.facebook.com/itoham

➡ ハム係長というキャラクターの設定
（ブランドに人格を持たせて、ユーザーと交流をする）

➡ 伊藤ハムのウインナー等の食材を活用した
レシピ投稿や美味しい食べかたノウハウの共有

大手食品メーカーの事例：伊藤ハム（facebookページ）

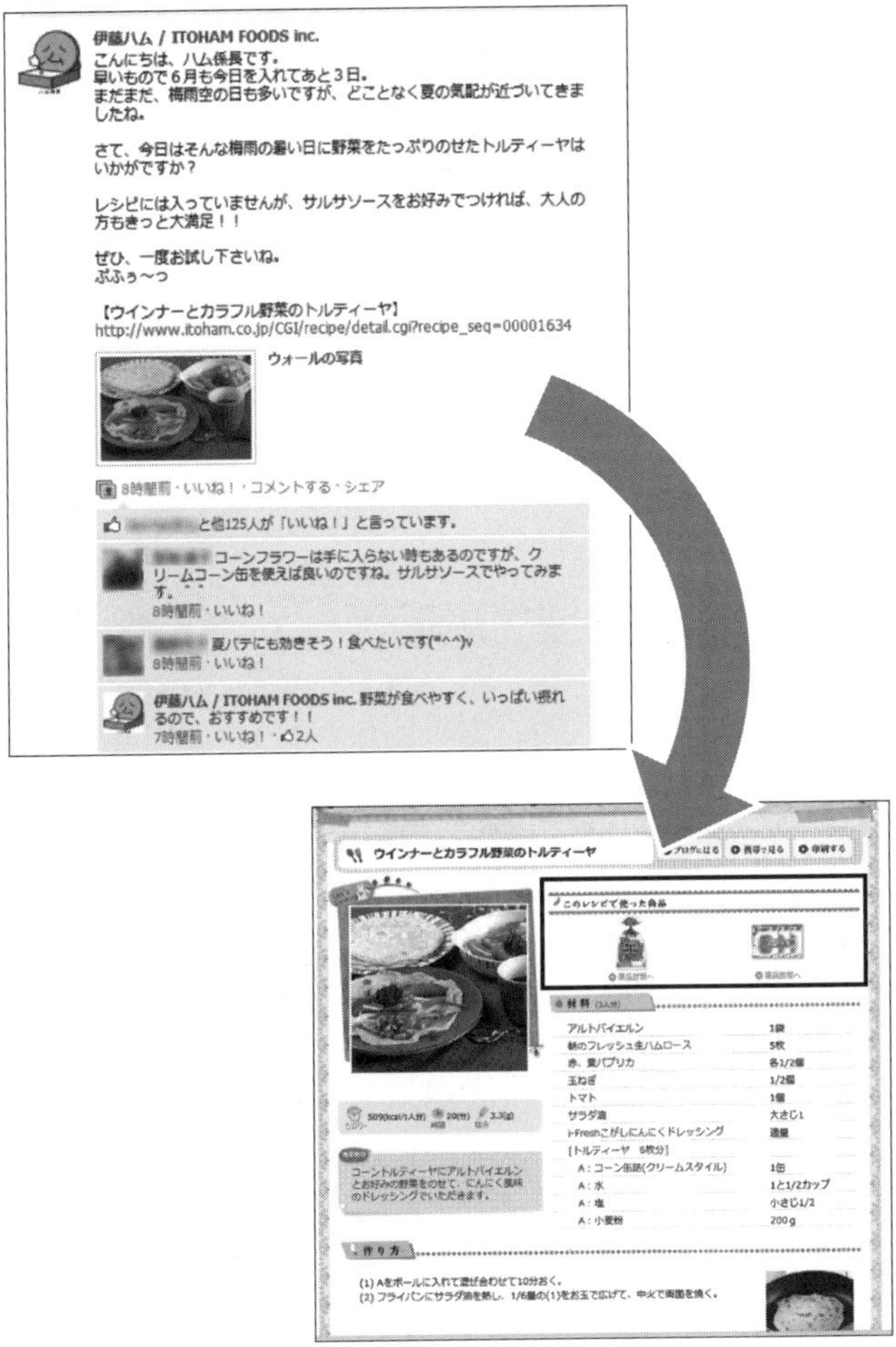
伊藤ハム / ITOHAM FOODS inc.
こんにちは、ハム係長です。
早いもので６月も今日を入れてあと３日。
まだまだ、梅雨空の日も多いですが、どことなく夏の気配が近づいてきましたね。
さて、今日はそんな梅雨の暑い日に野菜をたっぷりのせたトルティーヤはいかがですか？
レシピには入っていませんが、サルサソースをお好みでつければ、大人の方もきっと大満足！！
ぜひ、一度お試し下さいね。
ぶふぅ～っ
【ウインナーとカラフル野菜のトルティーヤ】
http://www.itoham.co.jp/CGI/recipe/detail.cgi?recipe_seq=00001634
ウォールの写真
8時間前・いいね！・コメントする・シェア
と他125人が「いいね！」と言っています。
コーンフラワーは手に入らない時もあるのですが、クリームコーン缶を使えば良いのですね。サルサソースでやってみます。^^
8時間前・いいね！
夏バテにも効きそう！食べたいです(*^^)v
8時間前・いいね！
伊藤ハム / ITOHAM FOODS inc. 野菜が食べやすく、いっぱい摂れるので、おすすめです！！
7時間前・いいね！・2人
ウインナーとカラフル野菜のトルティーヤ
このレシピで使った商品
材料
アルトバイエルン 1袋
朝のフレッシュ生ハムロース 5枚
赤、黄パプリカ 各1/2個
玉ねぎ 1/2個
トマト 1個
サラダ油 大さじ1
i-Freshこがしにんにくドレッシング 適量
[トルティーヤ 8枚分]
A：コーン缶詰(クリームスタイル) 1缶
A：水 1と1/2カップ
A：塩 小さじ1/2
A：小麦粉 200g
コーントルティーヤにアルトバイエルンとお好みの野菜をのせて、にんにく風味のドレッシングでいただきます。
作り方
(1) Aをボールに入れて混ぜ合わせて10分おく。
(2) フライパンにサラダ油を熱し、1/6量の(1)をお玉で広げて、中火で両面を焼く。

この、ハム係長は、やさしくかわいい親しみの持てるキャラクターを追求しています。

例えば、バレンタインを期待するハム係長ということで、「バレンタインが近いので夢見ちゃいました」などのコメントつきで、プレゼントに囲まれているハムおじさんの画像を投稿しています。この投稿には８００人以上が「いいね！」を押して、30以上のシェアがあります。

さらに、バレンタインの当日になると「みなさんおはようございます。出社したらびっくりしました」と、ハム係長の顔を型どっているチョコレートの画像がアップされています。非常に面白いコンテンツを投稿されていると思います。

時には「今日は出張中」という看板を立てた写真を入れたりして、リアルな人が投稿しています。もし人が顔を出したら担当が変わった時に引き継ぎができませんが、キャラクターを通すことで、継続的に消費者とコミュニケーションしていくということも可能になるわけです。

大手食品メーカーの事例：伊藤ハム（facebookページ）

優しく･かわいい親しみのもてるキャラクターの魅力を訴求

バレンタインを期待する「ハム係長」

伊藤ハム / ITOHAM FOODS inc.
バレンタインデーが近いので、こんな夢を見ちゃいました。
ぷふぅ～っ ε=(公)
ハム係長
伊藤ハム
いいね！・コメントする・シェア・2月8日 13:48
他808人が「いいね！」と言っています。
コメント66件をすべて見る
シェア35件

バレンタイン当日の「ハム係長」の投稿

伊藤ハム / ITOHAM FOODS inc.
皆さん、おはようございます！！
出社したらびっくり！！
まずい、グッときてしまいました。
ぷふぅ～っ
ウォールの写真
ハッピーバレンタイン(♥V´人)ｳﾌｫ
係長、早く来ないかな～
作成: アサノフレミ / ITOHAM FOODS inc.
いいね！・コメントする・シェア・2月14日 9:01
他718人が「いいね！」と言っています。
コメント42件をすべて見る
シェア17件

料理をからめた情報提供にて課題解決力を訴求し、先ほどのバレンタインにまつわる投稿等を行いながら、キャラクター自身の魅力を訴求しています。

ハム係長のコンテンツ投稿に対するファンのコメントとしては、「夏ばてに効きそう、食べたいです」とか、「コーンフラワーは手に入らないこともあるので、クリームコーンなどを使えばいいですね」などという好意的なコメントが寄せられています。それに対してハム係長はまめに返信しユーザーと交流をしています。

実際スーパーの店頭などに伊藤ハムさんのブランド商品が陳列され、テレビＣＭなどで認知もされてはいるのですが、いろいろなブランドの商品が並ぶ中で、消費者がふだんＦａｃｅｂｏｏｋで交流しているハム係長を想起して、伊藤ハムの商品を買ってもらうとか、それに対してフィードバックをするということが起きるわけです。実際にファンのコメントの中には、「ハム係長がいたから、スーパーで伊藤ハムを買いました！」というようなコメントもあり、Ｆａｃｅｂｏｏｋのページでファンと絆を醸成していくことで、いざ店

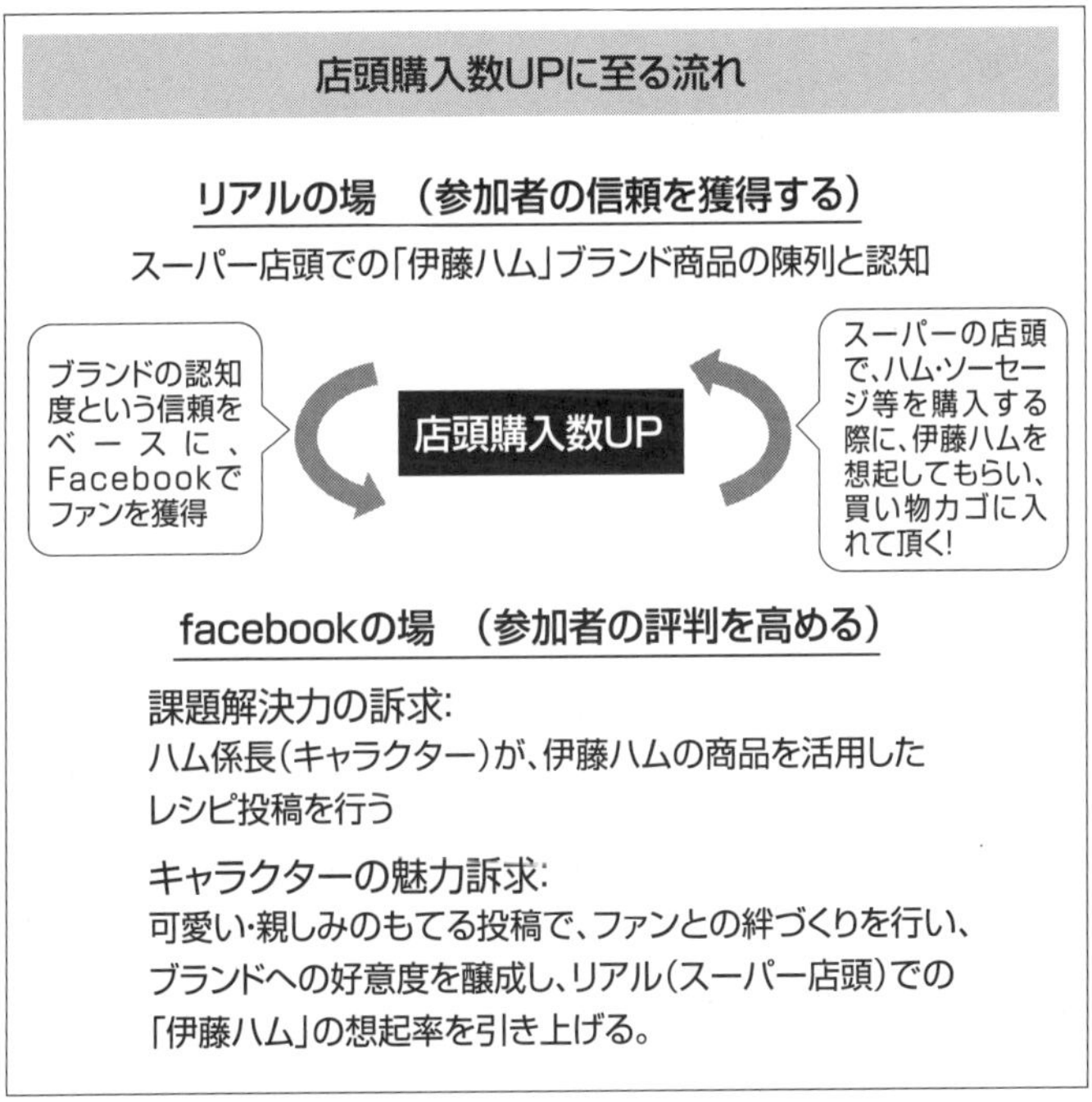
店頭購入数UPに至る流れ
リアルの場　（参加者の信頼を獲得する）
スーパー店頭での「伊藤ハム」ブランド商品の陳列と認知
ブランドの認知度という信頼をベースに、Facebookでファンを獲得
店頭購入数UP
スーパーの店頭で、ハム・ソーセージ等を購入する際に、伊藤ハムを想起してもらい、買い物カゴに入れて頂く!
facebookの場　（参加者の評判を高める）
課題解決力の訴求:
ハム係長（キャラクター）が、伊藤ハムの商品を活用したレシピ投稿を行う
キャラクターの魅力訴求:
可愛い・親しみのもてる投稿で、ファンとの絆づくりを行い、ブランドへの好意度を醸成し、リアル（スーパー店頭）での「伊藤ハム」の想起率を引き上げる。

頭で商品を選ぶ際に、伊藤ハムが想起され、実売に影響を与えているようです。

キャラクターを設定して、Facebookで消費者と関係性を深め、実際に店頭というリアルな場所に行った際に販売につなげているという秀逸な事例です。

スーパー店頭での伊藤ハムブランド商品の陳列やテレビCM等でのブランドへの信頼を背景に、伊藤ハムのFac

ｅｂｏｏｋページへの誘導につなげ、Ｆａｃｅｂｏｏｋページでのハム係長との交流を起点に、スーパー店頭での購入に繋げており、「リアルの場」と「Ｆａｃｅｂｏｏｋの場」のやりとりにより、成果につながっているのだと思います。

商品の差別化ということでいうと、価格の差などいろいろあると思いますが、どうしてもその差を出しにくい時にはブランドへの好意度などが選ぶきっかけになると思います。

4．小売業の事例――ユニクロ

6日で20万人を店舗誘導したチェックインキャンペーン

ユニクロは、２０１１年11月16日～21日の期間中、全国のユニクロ８５１店舗に携帯電話およびスマートフォンからＦａｃｅｂｏｏｋのチェックインを行うと、クーポンがその場でプレゼントされる「UNIQLO CHECK-IN CHANCE」を実施しました。

驚くべきは、６日間に20万人もの人がユニクロ店舗に実際に訪れ、チェックインをしているという事実だと思います。

キャンペーンの概要は、ユニクロ店舗ＱＲコードまたは、ＵＲＬ（http://www.uniqlo.com/checkin/）から「UNIQLO CHECK-IN CHANCE」へアクセスし、サイト上でＦａｃｅｂｏｏｋにログインをして、今いるユニクロ店舗へチェックインすると、「2，000円」「1，000円」のクーポンが計2万名、「100円」クーポンが参加者全員にプレゼントされるというもの。

また、チェックインキャンペーンと連動し、参加者の総チェックイン数に応じてユニクロの旗艦店（大阪、上海、ロンドン、ニューヨーク）の行き先が増える「グローバル旗艦店ツアー」も抽選で当たるという、ゲーミフィケーションの要素を盛り込んでいます。

この企画が秀逸である点は、店舗でチェックインをすると以下の内容が友達のニュースフィードに表示され、その友達を実店舗来店に結びつける訴求を行っている点だと思います。

①ユニクロ店舗にチェックインした事実
②いくらのクーポンが当ったという事実

大手小売業の事例 ： ユニクロ （チェックイン）

ユニクロ店舗でチェイン

CHECK-IN
CHANCE
さあ、みんなで
ユニクロにチェックイン！
11/16(水)~11/21(月)の期間中、
ユニクロのお店でチェックインすると、
クーポンが当たる！
現在の総チェックイン数
17,204 人
Facebook でチェックイン

http://www.uniqlo.com/checkin/

Status
Photo
Check In
さんがユニクロ　名古屋エスカ店にミもフタもなくチェックイン！ — at ユニクロ　名古屋エスカ店.
ユニクロ　名古屋エスカ店;
www.facebook.com
1000円クーポンが当たったよ！
さあ、みんなもユニクロにチェックイン！
UNIQLO CHECK-IN CHANCE;
www.uniqlo.com
Wall
Info
Photos

友達のニュースフィードに
口コミ拡散

店頭購入数UPに至る流れ
リアルの場　（参加者の信頼を獲得する）
全国各地にあるユニクロ店舗での商品購入と商品体験による満足感
友達が店舗にチェックインし、クーポンをもらっている事実をFacebookで発見
店頭購入数UP
チェックインキャンペーンに参加して、衣服購入を行うために、ユニクロ店舗に来店
facebookの場　（参加者の評判を高める）
友達がチェックインクーポン
(2000円／1000円／100円のいずれか)をもらい、
グローバル旗艦店ツアーへの抽選権利も得ている事実も知り、
ニーズが感化される。

③チェックインキャンペーン紹介のサイトURLを表示

これは、Facebookが標準で用意しているチェックイン機能ではなく、ユニクロがこのキャンペーンのために、独自のFacebookアプリを開発して仕様設計を行っており、チェックインした事実だけではなく、いくらのクーポンが当ったか、更にはオリジナルのキャンペーン紹介ページへの誘導までを実現しています。

ユニクロといえば、全国各地に店舗があり、低価格で高品質のイメージが形成され、ほとんどの人が1着や2着はユニクロの衣服を持っているのではないだろうか…。

こういったリアルで体感している信頼をベースに、Ｆａｃｅｂｏｏｋでのチェックインキャンペーンの口コミに触れた数多くのファンが、チェックインを行い、その口コミがさらに友達に広がっていくという好循環を実現し、結果として20万人を店舗に誘導していったのだと思います。２０１２年3月現在までに行われた日本国内のキャンペーンの中では、リアルとＦａｃｅｂｏｏｋを融合して成果につなげた日本最大規模の事例だと思います。

Ｆａｃｅｂｏｏｋで成果を生み出すメカニズム

以上、本章では、Ｆａｃｅｂｏｏｋを効果的に活用することで、商談数ＵＰ／来店頻度ＵＰ／想起率ＵＰ／店舗来店数ＵＰといった成果を生み出している企業・個人経営者の事例をご紹介させていただきました。

全ての事例に共通するのは、「Ｆａｃｅｂｏｏｋの場」で評判を獲得し、「リアルの場」で信頼を獲得し、Ｆａｃｅｂｏｏｋの場で更なる評判を獲得していくというサイクルを回していくことで、「Ｆａｃｅｂｏｏｋの場」の威力が、２倍にも３倍にも発揮され、成果に結びついてくるという事実です。

Ｆａｃｅｂｏｏｋを使っても、成果が出ないと悩む企業、個人の方は、一度、リアルとＦａｃｅｂｏｏｋを融合するという視点で、自社のソーシャルメディア戦略を見直すことをお勧めします。

第6章　Ｆａｃｅｂｏｏｋで成果につなげるステップ

本章では、実際にＦａｃｅｂｏｏｋを活用して成果につなげていく上で、必要になるステップと、それを回していく上で大切なことについて述べたいと思います。Ｆａｃｅｂｏｏｋは無料ツールなので、まずはスタートしてみることは重要なのですが、成果につなげるためには、ＰＤＣＡサイクルをまわし、日々改善してくことが非常に重要になります。

Ｆａｃｅｂｏｏｋで成果につなげる５つのステップ

日々、私も数多くの企業にコンサルティングをさせていただいておりますが、成果につなげるためには、大きく５つのステップが必要になります。

1. 情報収集
2. 全体戦略設計
3. 実装設計
4. 運用

5．振り返り

1．情報収集

Ｆａｃｅｂｏｏｋはその利用自体は無料なので、まずは始めてみる、ということが簡単にできます。さらに、実際にページを運用しながら、課題を特定してくというアプローチは欠かすことはできませんが、具体的にどんな使い方をすると、どんな効果が生まれてくるのかという情報収集をすることで、更に効果に結び付いていきます。

この本でも事例等含めご説明させていただきましたが、実際、同業企業では、どんな使い方をしているのか、どんな成果を出しているのかについて、本や雑誌、更にはセミナー等を通じて、可能な限り事前情報の収集を行うことが重要になります。

2．全体戦略設計

⑴課題設定

・セミナー参加数ＵＰ

・既存顧客のリピート率ＵＰ
・自社ブランドの想起率ＵＰ
・来店顧客数ＵＰ
などなど、Ｆａｃｅｂｏｏｋやその他ソーシャルメディアを活用することで、自社が解決したい課題を設定します。

⑵解決策立案
例えば、セミナー参加数のＵＰを目的にするのであれば、
・Ｆａｃｅｂｏｏｋページでファンを増やす
・ファンに日時投稿でコンテンツを提供する
・自社セミナーの告知を行う
等の大枠のタスクに落とし込み、更に、
・Ｆａｃｅｂｏｏｋページのファンを増やす

の詳細タスクとして、
・メルマガ告知
・ブログに「いいね！」ボタン設置
・Ｆａｃｅｂｏｏｋ広告活用・・・

など、更に一歩踏み込んで詳細タスクを設計していきます。

このケースであれば、単にプロセスごとにぶつ切りにするのではなく、最終的に顧客をセミナー参加に導くために、フリーから、どのようにセミナー誘導に結び付けていくのか顧客導線の設計を考慮すると効果的です。

3．実装設計
次に、２で定めた詳細タスクの中で、システム実装が必要なタスクを特定し、ページ実装を行います。

（システム実装の例）
・Ｗｅｌｃｏｍｅページ制作
・プロフィール画像制作
・自社ホームページ／ブログへのソーシャルプラグイン
（「いいね！」「シェア」「コメント」ボタン）設置
・Ｆａｃｅｂｏｏｋアプリ制作

４．運用

２で定めた運用タスクに沿って、日々ページ運用を行っていきます。

（運用タスクの例）
・いつ、誰が投稿するのか
・どんなコンテンツをどのように投稿するのか
・コンテンツのネタはどこで仕入れるのか

5. 振り返り

通常月次頻度にて、タスクの進行ならびに、効果の測定と振り返りを行い、全体戦略設計から運用までのプロセスを改善し、成果に結び付けていきます。

（測定項目の例）

・ページ投稿頻度
・投稿ごとのファンの反応数（いいね！、コメント、シェア）
・自社サイトへの誘導数
・セミナー参加数

５つのステップを回す上で大切なこと

⑴労力とお金の使い方

業種・業態により、成果の出やすさ、出にくさはあるのですが、基本的にソーシャルメディアで成果につなげるためには、「労力をかけるか、お金をかけるか」どちらかしかないと考えています。

よく、Ｆａｃｅｂｏｏｋは無料で利用できると聞いて、始めてみたが、ビジネスにつながらないという話を耳にしますが、共通しているのは、労力もお金も、どちらもかけていないというケースが大半です。そういった方のスタンスや運用内容としては、

・運用スタートしたが、ファンが増えないので、そのままにしてある。
・自社ホームページの販促内容をそのまま、Ｆａｃｅｂｏｏｋに投稿している。

という方が非常に多いのです。

そういった方に、Ｆａｃｅｂｏｏｋを活用している目的は何ですかと、お話しても、売上ＵＰなどの漠然とした答えをいただくことが多い。これでは、うまくいくはずがありません。

ファンが増えないのであれば、どのようにファンを増やすのか？　セミナーに参加するとか、書籍を読み漁って実践してみるとか、投資をしていかなければ、改善はありません。インプット↓仮説↓実行↓改善↓インプット↓仮説↓実行↓改善を繰り返すことで、自社の利用目的とそれを実現するための効果的な打ち手が見つかってきます。

また、自社ホームページの販促内容をＦａｃｅｂｏｏｋに投稿したとしても、基本ユーザーはＦａｃｅｂｏｏｋを楽しむ目的で利用しているので、セールスに関する投稿ばかりしていては、ファンになりたいとは思わないでしょうし、仮にファンになっていたとしても、解除されたりしてしまいます。本書の事例でもご紹介しましたとおり、ターゲットユーザーにとって有益なコンテンツを自主制作して、ファンと絆づくりをしていかなければば、成果に結び付かないことが大半です。ようは労力をかけなければ、成果には至らないということです。

また、労力をかけたくないからと、Ｆａｃｅｂｏｏｋの運用業務を外部に委託するケースも見受けられますが、社内にお金があったとしても、あまりお勧めできません。

これまでの事例でもご紹介してきましたが、Ｆａｃｅｂｏｏｋ活用は、自社の大切な顧客接点になります。安易に外部に運用業務を丸投げするということは、新聞社が記事制作を外部に丸投げしている、もしくは、営業会社が、営業部隊を外部に丸投げしている、ということと同義といっても言い過ぎではないと思います。第一、丸投げをした企業でうまくいったという事例を私は聞いたことがありません。

なぜでしょうか？

広告制作であれば、広告代理店に丸投げすることは過去から一般的な話としてあります。

Ｆａｃｅｂｏｏｋはあくまでも、オリジナルコンテンツ（自社内で蓄積した魅力的なコンテンツ）を起点に、顧客とのコミュニケーション、交流を深めていくことが重要になります。自社のことに一番詳しいのは、自社の社員の方でしょうし、投稿へのコメントにクイックレスポンスができるのは、自社の社員の方でないと難しい。

仮に外部に委託したとしても、ニュースサイトに転がっているコンテンツを転用する、もしくは、自社ホームページの更新情報やメルマガ情報を転用するといった使い方になりがちかと思います。だとすると、どこにでもある情報やセールス情報が中心になり、ユーザーを引き付けることができません。他社もやっているから、とりあえずＦａｃｅｂｏｏｋをやっているという手段の目的化につながってしまいます。

⑵相談できるメンターの存在

では、どこに労力とお金をかければ、成果に結び付くのでしょうか？

私の考えとしては、信頼できるメンターに教えてもらうことをお勧めします！

成果につなげる５つのステップで触れましたが、「全体戦略設計～運用」については、実践するごとに精度が上がってきますが、これを自社内だけの知見を基に全てを行ったとしたら、精度の高い全体戦略を設計するのに、膨大な時間と労力がかかります。

・自社にとってＦａｃｅｂｏｏｋを活用することでどんな課題を解決できるのか?
・何を指標にＦａｃｅｂｏｏｋを活用するのか?
・具体的にＦａｃｅｂｏｏｋでファンを増やすために、どんな打ち手があり、どのように取り組むことが効率的か?
・自社にとってブランディングされるコンテンツはどのようなものがあり、どのように投稿すると効果的か?
・Ｆａｃｅｂｏｏｋで関係性を構築して、リアル接点に誘導するためには、どのようなものがあり、何を行うことが効果的か?

などなど、全体戦略を設計する上での知見をメンターから、「セミナー」や「集合研修」で学ぶことは効果的ですし、場合によっては、月次ミーティングという形式で、打ち手の選定と改善をメンターと行っていくことは、効果的であると考えています。

『ウィルマッチ』のアプローチ

私柳沢健太郎が代表を務めるソーシャルメディア最適化研究会㈱ウィルマッチは、自社をコンサルティング会社、教育会社と位置づけ、「お客様と伴走するコンサルタント／トレーナー」をモットーに、お客様の良きメンターとして、日々業務にあたっております。

以下のサービスラインナップにてお客様の課題解決をご支援させていただいております。

◆セミナー開催（塾のイメージ）

毎月数回、Ｆａｃｅｂｏｏｋ等ソーシャルメディア活用に関する実践的ノウハウセミナーを開催しております。Ｆａｃｅｂｏｏｋであれば、各論の集客施策、ブランディング施策まで踏み込んだセミナーを開催しています。

◆集合研修（個別指導塾のイメージ）

・Ｗｅｌｃｏｍｅページ作成実践講座
・ブログ等外部サイトのソーシャル化実践講座
・コンテンツ戦略策定講座

等、お客様の共通課題に基づき、少人数制で実践指導をさせていただく集合研修を開催しております。

◆月次コンサルティング（家庭教師のイメージ）

１社にカスタマイズした全体戦略策定から運用アドバイスまでを月次の定例ミーティン

グという形式で開催しております。

詳細について、ご興味のある方は、弊社Ｆａｃｅｂｏｏｋページ
ソーシャルメディア最適化研究会㈱ウィルマッチ
http://www.facebook.com/willmatch
にアクセスいただき、詳細をご覧くださいませ。

最終章　私が実現したい世界

この最終章では、私、柳沢健太郎が、ソーシャルメディア最適化を支援する会社を起業した経緯や、今後のソーシャルメディア活用の未来を予測し、「私が実現したい世界」について述べたいと思います。

私が起業した理由と「個人の時代」の到来

私は、もともと父親が事業家で、その影響もあり、自分もいずれは起業しようと思っていました。学生時代には教育とか人に何かを伝えていくということが得意で、家庭教師をやっていた時には、短期間で生徒の偏差値を15上げて大学に合格させたこともありました。その次は、運営する方に入ろうと思い、大手の家庭教師派遣の会社にアルバイトとして入り、ご家庭への訪問営業や派遣会社の店舗運営などをしていました。家庭教師というのは、学校や塾の学習にはうまくついていくことができない子供を抱えていらっしゃる親御さんが、最後の頼み綱として、家庭教師にご期待をいただくことが多く、営業の際は、一人一人のお子さんの現状把握を行い、学力ＵＰのためのプランニングと適した先生のマッチングのご提案を行っていました。そして、お申込後、定期フォローを行っていく仕事をしていました。

おそらく1年半で200名を超えるお申込をいただき、月間の契約人数でトップセールスになったことも多かったです。ご家庭や、生徒の課題と真剣に向き合い仕事をすることで、受験後に感謝のお電話などをいただくことが多かったと記憶しています。人の可能性を伸ばすとか、人の役に立つという教育の仕事に非常にやりがいを感じていた学生時代でした。

その後、将来起業するからには、企業経営について学べる環境で仕事をしようと考え、新卒入社の際は、コンサルティング会社を中心に面接に臨んでいました。私が就職活動をしていた2001年当時は、ITを活用して企業経営を変革するというITコンサルティング業界が伸び盛りの時期であったこともあり、ITコンサルティングを行う際に必要になるERP・SCM・CRM等の業務パッケージで世界的なシェアを握っているドイツSAP社の日本法人（SAPジャパン株式会社）にコンサルティング営業職で入社しました。

ＳＡＰジャパンでは、業務パッケージソフトを使ってコスト削減とか業務改革につなげるためのＢ　ｔｏ　Ｂの法人営業を2年半ほどしていました。社内・社外にいる数多くの利害関係者を巻き込みながら、長期的スパンでＩＴを活用して業務プロセスの改革をご提案していく、法人営業のプロを極めていくというようなセクションでしたが、私が過去携わっていた家庭教師の仕事のように、Ｂ　ｔｏ　Ｃのカスタマー（一般個人）の笑顔に関わる仕事がしたい、更には起業家を数多く輩出している環境で働きたいという思いがふくらみ、２００４年に株式会社リクルートに転職したわけです。もともと教育など、人間の可能性に影響を与えていく仕事やＩＴ等の最先端のツールを活用する企業に興味があったので、インターネットを活用してカスタマーのライフスタイルに影響を与えているリクルートを転職先として選択しました。

リクルート転職後は、ＨＲカンパニーという人材採用領域の社内カンパニーにて、大手の不動産、アミューズメント、小売業、ＩＴ系企業、コンサルティング会社など、数多くの企業を担当し、営業として新卒・中途採用成功のためのご提案をしたり、数名のメンバーの営業マネージメントをしたり、新しいネット商品の企画にも携わったりと、充実した仕事を5年間してきました。

特に私が得意だったのは、採用難易度の高いクライアントを担当し、採用成功に導くために採用ターゲットの設計からコミュニケーションプランに落とし込むプランニングの仕事でした。人材採用領域全体で、年間で4回表彰されるベストプラクティス賞のうち、2回大賞を受賞したりと、お客様の期待に採用成果でお返しするというスタンスを徹底して行っていました。また、採用成果が出ることで、お客様からの発注額が大きくなり、幾度となくトップセールスの賞も受賞してきました。

人材採用領域で仕事をしていた際に、チャンスを見つけて起業しようと思いっていましたが、人材系は人材派遣、紹介、コンサルティングなど、いろいろな会社がやりつくしている領域であり、私がそれまでに培っていた人材系のノウハウだけで起業しても、私の前に先人がたくさんいる状態でしたので、明確なビジネスチャンスを見いだせずにいました。

そんな折、2008年にリーマンショックがあり、私が担当している企業が軒並み採用ストップという事態に遭遇しました。採用ストップしても営業目標自体は存在するわけで、数多くの企業に電話営業や訪問営業をしていたのですが、世の中は不景気といわれながらも、ネットベンチャーは人を採用していました。世の中の先端を切り開くネットの領域であれば、先人がそもそも少なく変化も激しいため、起業チャンスがあるかもしれないと考え、２００９年に社内公募で、リクルートの事業開発室に異動し、リクルート出資のネットベンチャーである株式会社ブログウォッチャーという会社に出向して、営業責任者として仕事を始めました。

ブログウォッチャーでは、ＳＥＯ（検索エンジン最適化）とかソーシャルメディアなどを活用したパッケージ商品の企画開発や営業マネージメント、コンサルティング活動に従事してきました。

ＳＥＯをやり始めて、お客様の通販サイトの商品ページが検索エンジンの上位に表示されれば、お客様の売上につながり、成果が出ることで、結果として自社の売上にもつながってくるわけですから、これはおもしろいと思いました。他にも、ブログに書かれている消費者の口コミを活用したキャンペーンのご提案やブログ・Ｔｗｉｔｔｅｒ・Ｆａｃｅｂｏｏｋ等を活用したソーシャルメディアコンサルティングのご提案をしてきました。ブログウォッチャーに異動した当初、営業組織としては、社長が一人営業マンが二人しかいない状態でした。私自身としては着任後、営業組織の仕組化や、営業起点で効果をお客様にお返しできるロングテールＳＥＯサービス等の機能改善を日々繰り返し、圧倒的に効果の出せるサービス改善につなげ、それを汎用パッケージに盛り込んで、拡販につなげていくことで、結果として会社の売上を前年度比で１７０％増に結び付けることに貢献しました。

しかしながら、ネットの流れとしてＳＥＯ（検索エンジンの最適化）はまだまだ最先端の領域ではありますが、既存プレイヤーも数多く存在するマーケットです。

２０１０年12月にゲイリーさんの事例に触れた瞬間、Ｆａｃｅｂｏｏｋ等のソーシャルメディアを効果的に活用して、企業のブランディングにつなげていく、更には自社サイトにアクセスを誘導していくソーシャルメディア最適化という領域は、まさしく未開の領域であり、チャンスであると確信しました。特に印象的だったのは、ゲイリーさんが、大きな資本も必要なく、個人が自らの才覚でソーシャルメディアを活用して事業を拡大しているということです。このタイミングで、将来日本でも企業規模を問わず、オリジナルのコンテンツを持っている個人・企業に光があたる世の中になると考えました。

私柳沢健太郎自身としては、これまで培ってきたお客様の期待に対して、確実に効果でお返しするプランニングスキルとインターネットマーケティングやソーシャルメディア全般の知見を絡めて、ソーシャルメディア集客でお困りの個人や企業を対象に、お役に立てるサービスを提供して、価値を発揮していこうと考えて起業したわけです。

実際、それから1年と少し経過した2012年3月現在の日本を見渡してみると、今回この本でご紹介した私柳沢健太郎や、弁護士の小野智彦さん、飲食店オーナーの湯川史樹さんのように、個人が持っているオリジナルコンテンツに光があたり、強い個人がソーシャルメディアを効果的に活用し、ビジネスにつなげる「個人の時代」になってきたといえると思います。

ソーシャルメディア未来予測——検索とソーシャルの融合

今ソーシャルメディア上で評価されれば、検索エンジンでも上位表示されるようになってきています。例えば、私が運営する「ソーシャルメディア最適化研究会(株)ウィルマッチ」というＦａｃｅｂｏｏｋページ（http://www.facebook.com/willmatch）は、２０１２年３月現在、Ｇｏｏｇｌｅで「ソーシャルメディア最適化」で検索すると1位とか2位に表示されます。これまでＳＥＯでは、お金を持っている会社が、有償の外部リンクを購入して、自社ページを上位表示させる傾向が強かったのですが、ここ最近、Ｇｏｏｇｌｅの検索エンジンの表示ロジックが改定され、有償の外部リンクが効きにくくなったということが言われています。ソーシャルメディアを効果的に活用すると、自社ホームページに「いいね！」や「シェア」、「コメント」を介して、反応者のページから、自然に好意的なリンクが貼られるので、人気のあるページが上に来やすくなっています。ソーシャルメディアに取り組むことで、数多くのファンを増やして、潜在顧客を育成することができますし、その上、顕在顧客を獲得するための検索エンジン対策も行えるようになってきています。

今、検索とソーシャルが融合するという世界観に向かっています。

Ｇｏｏｇｌｅは、２０１２年に入りパーソナル検索機能を強化し、Ｇｏｏｇｌｅ＋でつながっている友達が共有した情報が、パーソナル検索結果の上位に表示されるよう、大きな仕様変更を行いました。つまりは、ＳＥＯを行う上で、外部リンクを重視するスタンスから、ソーシャルメディアで評価されているコンテンツを重視するスタンスに切り替わってきていることが伺えます。それもそのはずで、Ｇｏｏｇｌｅはユーザーにとって重要なページを上位表示することが、検索エンジンの生命線であり、Ｇｏｏｇｌｅがここまで巨大企業になった理由でもあります。それであれば、例えば、「新橋　ラーメン」とユーザーが検索した際に、友達が数多く共有しているコンテンツを上位表示した方が、有償の外部リンク依存のページを上位表示するよりも、ユーザーの支持を得られると思います。このような状況は、先ほど触れた、有償の外部リンクへの評価を下げることになります。ただ、パーソナル検索機能を実装済のアメリカの場合Ｇｏｏｇｌｅ＋に会員登録はしたものの、アクティブに使っているユーザーは少ないため、パーソナル検索の威力はあまり発揮されていないといわれています。もちろん、日本で導入されたとしても、同じ状況が予想されます。

Ｆａｃｅｂｏｏｋは、というと２０１２年に入り上場申請がなされました、50億ドルという超大規模な資金調達を行うという話があります。ここで調達した資金については、モバイル強化であったりとか、様々な活用のされ方が予想されていますが、私はソーシャル検索エンジン開発に多額の開発費を投入すると予測しています。これまでＦａｃｅｂｏｏｋ内の検索エンジンの精度は非常に低く、実際Ｆａｃｅｂｏｏｋで認知したブランドを調べようと思った際、Ｇｏｏｇｌｅの検索ページに離脱してしまう状況です。Ｆａｃｅｂｏｏｋとしては検索エンジンを手中に収めることで、サイト外への離脱率を下げるとともに、友達が「シェア」などしているコンテンツを検索上位表示につなげていくことで、ユーザーの利便性を高めると共に、検索連動型広告を開発して、大きくマネタイズしていくこともできるわけです。

私が実現したい世界

これからの世の中は、オリジナルで価値のあるコンテンツを持った個人・企業が規模を問わず、ソーシャルメディアで情報発信を行うことによって、ブランディングされ、検索にも友達のお勧め付きでコンテンツが表示され、評判獲得を行っていくことができます。

そして、獲得した評判を元に、リアルで交流がなされ、顧客獲得につなげられる世界になっていくと思います。

すなわち、資本力や規模の経済よりも、個人や企業のオリジナリティに光があたる時代に移行していくと思います。

私自身、その恩恵にあずかり、知名度0の状態から1年弱でここまでの実績を積み重ねることができました。

日本は今、経済的にもアジア各国に押され気味であり、人口減少など暗い話が多く、光を見いだせない個人・企業の方も多いと思います。

この本を読んでいただき、Ｆａｃｅｂｏｏｋを活用して、人生を変えたい、自社を変革したいと思っていただく機会になれば、幸いですし、是非行動を起こしてもらいたいとも思っています。

一人でも一社でも、こうして光輝く人・企業のご支援をさせていただくことができれば、これ以上の喜びはありません。

あとがき

価値のあるコンテンツ提供を継続する意味

私が社団法人埼玉中央青年会議所様から、Ｆａｃｅｂｏｏｋ活用の講演依頼をいただいたのは、Ｆａｃｅｂｏｏｋページ開設から４ヶ月後のことでした。０からはじめて、４ヶ月という期間は、短いと捉えるのか長いと捉えるのかは、人ぞれぞれの解釈によりますが、特に知名度もない個人がスタート４ヶ月後に講演依頼をいただけるのが、Ｆａｃｅｂｏｏｋのすごさでもあり、スタートから４ヶ月もの間、大きな結果が見えなくても、地を這うように自分が価値があると考えるコンテンツ提供を行い、ブランディングを行っていかないと目に見えた成果につながらないのが、Ｆａｃｅｂｏｏｋの現実であるということも身をもって体験してきました。

そして、価値あるコンテンツ提供を行うことで、「Ｆａｃｅｂｏｏｋの場」で評判を獲得し、「リアルの場」につなげる。「リアルの場」で、さらにコンテンツ提供を行い、信頼を獲得することで、「Ｆａｃｅｂｏｏｋの場」につなげる――という「リアルの場」と「Ｆａｃｅｂｏｏｋの場」でのコンテンツ提供をグルグル回していくという地道な努力を行い、ファンとの接触頻度を高め、評判と信頼を醸成し、少しずつ成果に結びつけていきました。

ただ、私の経験上言えることなのですが、Ｆａｃｅｂｏｏｋを起点に一つ講演実績をいただいた後は、二つ目、三つ目の講演をいただくまでには時間はあまりかかりませんでしたし、コンサルティング依頼数も目に見えて増えていきました。

私が行ったことをまとめると、後々生み出す商談数の増加という可能性に賭けて、先に価値のあるコンテンツ提供という「代価の先払い」を継続して行い、「ブランド資産」を構築していったということです！

今回このような出版の機会をいただけたのも、「代価の先払い」を行ったからこそです。

「Ｆａｃｅｂｏｏｋをやって、今月いくら儲かったの?!」

「Ｆａｃｅｂｏｏｋなんてやっても、効果が見えにくいし、儲からないでしょ！」というような、ページ運用直後に待ち受けている、周囲のネガティブな声に、影響を受けてはいけません。

「今はブランド資産を構築している最中だよ！」と軽く受け流して、価値のあるコンテンツ提供を継続されることを、私は強くお勧めします！

本書に共感いただいた皆様とは、是非、今回のご縁をきっかけに、今後ともＦａｃｅｂｏｏｋやセミナー等のリアルの場で交流をさせていただければと思います。

Ｆａｃｅｂｏｏｋ個人アカウント
柳沢健太郎
http://www.facebook.com/kentaro.yanagisawa
→フィード購読をお願いします！

Ｆａｃｅｂｏｏｋページ
ソーシャルメディア最適化研究会㈱ウィルマッチ
http://www.facebook.com/willmatch
→ページへの「いいね！」をお願いします！

最後にこの本の企画執筆協力をしていただいた宮島佳代子氏、執筆依頼をいただき、貴重な意見や励ましをいただいた株式会社アートデイズ代表の宮島正洋氏、取材協力をいただいた豊島法律事務所の小野智彦氏、『変幻自在』を経営する株式会社・愛の湯川史樹氏、柳沢健太郎のＦａｃｅｂｏｏｋ個人ページのお友達・フィード購読者の皆様、そして、ソーシャルメディア最適化研究会㈱ウィルマッチのファンの皆様には、心より御礼を申し上げます。

２０１２年３月

ソーシャルメディア最適化研究会　株式会社ウィルマッチ
代表取締役社長　柳沢健太郎

柳沢健太郎（やなぎさわ・けんたろう）
株式会社ウィルマッチ代表取締役社長。2004年株式会社リクルート入社。人材採用領域のソリューション営業等に従事した後、事業開発室に異動し、リクルート出資のネットベンチャーである株式会社ブログウォッチャーに出向。営業責任者として SEOパッケージサービスやブログ、twitter、Facebook等を活用したソーシャルメディアマーケティングのサービス開発ならびに、営業組織の立上げを行い、前年度比売上170%の達成に貢献。2011年株式会社ウィルマッチを起業、代表取締役社長に就任。ソーシャルメディア最適化研究会（株）ウィルマッチ Facebookページ開設。ブログ、Twitter、Facebook等のソーシャルメディアを活用して効率的に集客、ブランディング、売上アップを図るための「事例」「ニュース」「ノウハウ」を提供し、コンサルティング、講演活動等にも従事。
■Facebook個人ページ
http://www.facebook.com/kentaro.yanagisawa
■Facebookページ：ソーシャルメディア最適化研究会　（株）ウィルマッチ
http://www.facebook.com/willmatch

Ｆａｃｅｂｏｏｋでビジネス成果を
生み出すためには何をすべきか？

二〇一二年三月三十一日　初版第一刷発行

著　者　柳沢健太郎
執筆協力　宮島佳代子
装　丁　横山　恵
発行者　宮島正洋
発行所　株式会社アートデイズ
〒160-0008　東京都新宿区三栄町17　V四谷ビル
電　話　（〇三）三三五三―二二九八
ＦＡＸ　（〇三）三三五三―五八八七
http://www.artdays.co.jp
印刷所　モリモト印刷株式会社

乱丁・落丁本はお取替えいたします。